工伤预防权益保障读本

主编　汪建锋

中国劳动社会保障出版社

图书在版编目（CIP）数据

工伤预防权益保障读本/汪建锋主编. -- 北京：中国劳动社会保障出版社，2019

ISBN 978-7-5167-3968-6

Ⅰ. ①工… Ⅱ. ①汪… Ⅲ. ①工伤事故-事故预防②工伤事故-事故处理 Ⅳ. ①X928

中国版本图书馆 CIP 数据核字（2019）第 072833 号

中国劳动社会保障出版社出版发行

（北京市惠新东街 1 号 邮政编码：100029）

*

三河市华骏印务包装有限公司印刷装订 新华书店经销

880 毫米 × 1230 毫米 32 开本 7 印张 159 千字

2019 年 5 月第 1 版 2019 年 6 月第 2 次印刷

定价：21.00 元

读者服务部电话：（010）64929211/84209101/64921644

营销中心电话：（010）64962347

出版社网址：http://www.class.com.cn

内容简介

本书依据工伤预防工作的实践，详细梳理了在贯彻落实《中华人民共和国社会保险法》《工伤保险条例》等相关法律法规和政策文件中需要注意的、广大职工关注的知识点，以工伤预防权益保障为主线，全面解读工伤保险知识，宣传工伤保险特别是工伤预防政策法规和标准，并针对广大干部职工明确相关办事指引。

本书内容分为概述、工伤保险参保缴费、工伤预防、工伤认定、工伤医疗、工伤康复、劳动能力鉴定、劳动能力确认、工伤保险待遇、工伤保险个人权益记录及查询，对涉及工伤保险的近 100 个法律法规、文件和标准进行全面梳理，分 300 多个知识点，用近 3 000 条政策依据对各种工伤保险和工伤预防工作中应注意的问题进行了全方位的阐述，内容涵盖了大部分工伤保险的政策、经办、维权工作实践和应注意的问题。

本书适合作为面向广大干部职工的工伤保险政策宣传和普法学习读本使用，也可用于人力资源和社会保障系统工作人员、工伤保险协议机构工作人员的工伤预防教育培训，还可以作为工伤事故发生后工伤职工及用人单位的办事指南和维权参考手册。

前　言

工伤事故的发生会造成职工、家属、用人单位不可弥补的伤害和损失，工伤预防工作作为工伤保险基本内容之一，对预防工伤事故的发生和危害，起到了举足轻重的作用。严格执行《中华人民共和国社会保险法》《工伤保险条例》等有关法律法规与政策文件的规定，全面梳理工伤保险工作的关键点，主动宣传工伤保险特别是工伤预防知识，并对广大干部职工明确相关的办事指引，是政府和全社会的共同工作，更是贯彻落实习近平总书记关于“以最广大人民根本利益为最高标准”“坚持以人民为中心”发展思想的重要举措。

《工伤预防权益保障读本》以工伤预防权益保障为主线，以工伤保险法律法规、规章制度和标准为依据，以解决工伤保险工作的实际问题为出发点，坚持基础宣教工作格局，立意基本权益保障，以科学务实的实际工作经验、严谨的编写态度、细致入微的梳理概述，将总体内容分为概述、工伤保险参保缴费、工伤预防、工伤认定、工伤医疗、工伤康复、劳动能力鉴定、劳动能力确认、工伤保险待遇、工伤保险个人权益记录及查询共10章，对涉及的工伤保险近100个法律法规、文件和标准进行全面梳理，分300多个知识点，用近3 000条政策依据对各种工伤保险问题进行了全方位的阐述，基本涵盖了大部分工伤保险和工伤预防的政策、经办、维权相关工作实践和应注意的问题。

为方便读者对照查询，本书还特别编写了各种伤残情形（含工亡）的工伤保险待遇一览表，尽可能全地分类列出了工伤保险和工伤预防有关的法律法规、规章文件目录，因篇幅所限，仅对于其中常用的内容进行了摘要性收录。

本书编写人员具有近20年工伤保险行政管理和业务经办工作经验，编写目标明确，态度严谨，依据准确，内容具有权威性、系统性、政策性、知识性和实务性等特点。本书适合作为面向广大干部职工的工伤保险政策宣传和普法的学习读本使用，也可用于人力资源和社会保障系统工作人员、工伤保险协议机构工作人员的工伤预防教育培训，还可以作为工伤事故发生后工伤职工及用人单位的办事指南和维权参考手册。由于时间等条件所限，本书不足之处在所难免，敬请广大读者批评指正。

编者

2019年4月

目 录

第一章　概　述

一、工伤保险概述

1. 建立工伤保险制度的目的

（1）《中华人民共和国社会保险法》（以下简称《社会保险法》）第二条明确规定：国家建立基本养老保险、基本医疗保险、工伤保险、失业保险、生育保险等社会保险制度，保障公民在年老、疾病、工伤、失业、生育等情况下依法从国家和社会获得物质帮助的权利。

（2）《工伤保险条例》第一条明确规定：条例制定的宗旨是保障因工作遭受事故伤害或者患职业病的职工获得医疗救治和经济补偿，促进工伤预防和职业康复，分散用人单位的工伤风险。

2. 工伤保险业务内容

根据《社会保险法》《实施〈中华人民共和国社会保险法〉若干规定》《工伤保险条例》《关于印发工伤保险经办规程的通知》（人社部发〔2012〕11号，以下简称《工伤保险经办规程》）等有关规定，工伤保险各业务项目及其主要内容详见表1—1。

表 1—1　　工伤保险业务项目及其主要内容

编号	业务项目	主要内容
1	工伤保险参保缴费	参加工伤保险并按规定缴费、异常参保纠正
2	工伤预防	工伤事故及职业病预防宣传与培训
3	工伤认定	申请、受理、调查、认定并送达及争议处理
4	工伤医疗	门诊、住院、转院治疗及费用报销
5	工伤康复	康复治疗及费用报销
6	劳动能力鉴定	申请、受理、现场鉴定、送达及救济途径
7	劳动能力确认	辅助器具、医疗终结期、停工留薪期、工伤复发、工伤康复确认及救济途径
8	工伤保险待遇支付	申请、受理、核定、发放及定期管理、争议处理
9	工伤保险记录管理及查询	申请、受理、查询、争议处理

3. 工伤保险业务流程

工伤保险主要业务及其工作流程如图 1—1 所示。

二、工伤保险业务内容概述

1. 工伤保险参保缴费

（1）参保范围。中华人民共和国境内的企业、事业单位、社会团体、民办非企业单位、基金会、律师事务所、会计师事务所等组织和有雇工的个体工商户（以下称用人单位）应当依照《工伤保险条例》的规定参加工伤保险，为本单位全部职工或者雇工（以下称职工）缴纳工伤保险费。

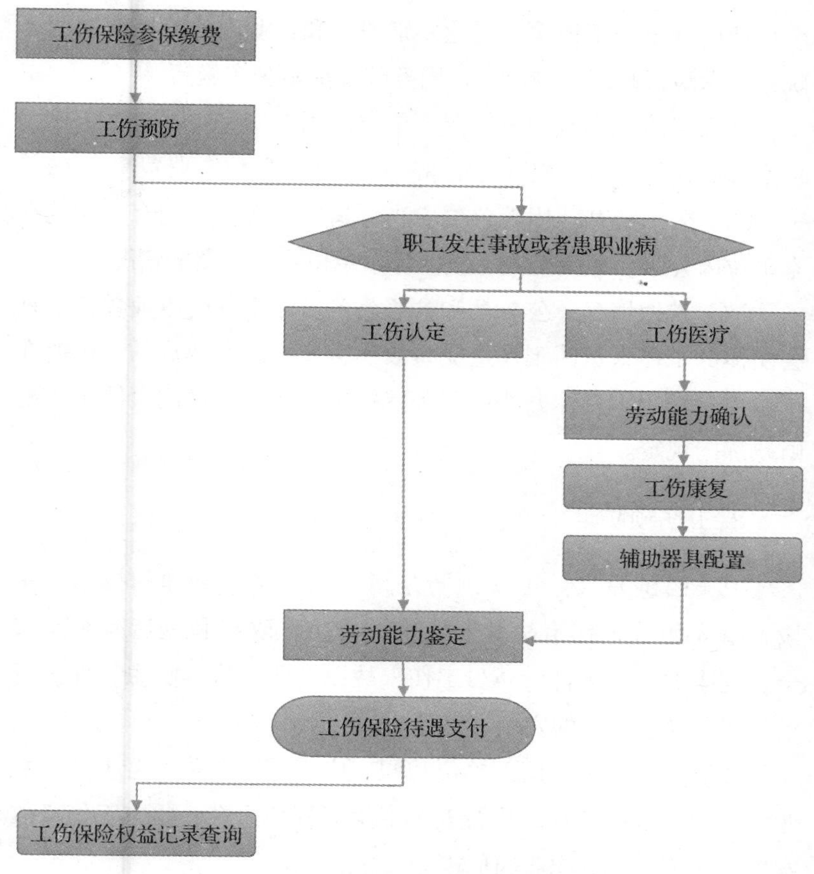

图 1—1 工伤保险主要业务及其工作流程

（2）缴费方式。用人单位应当按时缴纳工伤保险费。用人单位缴纳工伤保险费的数额为本单位职工工资总额乘以单位缴费费率之积。职工个人不缴纳工伤保险费。

对难以按照工资总额缴纳工伤保险费的行业，其缴纳工伤保险费的具体方式，由国务院社会保险行政部门规定。

（3）单位费率。国家根据不同行业的工伤风险程度确定行业的差别费率，并根据使用工伤保险基金、工伤发生率等情况在每个行业内确定费率档次。行业差别费率和行业内费率档次由国务院社会保险行政部门制定，报国务院批准后公布施行。

社会保险经办机构根据用人单位使用工伤保险基金、工伤发生率和所属行业费率档次等情况，确定用人单位缴费费率。

（4）公示公开。用人单位应当将参加工伤保险的有关情况在本单位内公示。职工个人有权监督本单位为其缴费的情况。

（5）其他情况。公务员和参照公务员法管理的事业单位、社会团体的工作人员因工作遭受事故伤害或者患职业病的，由所在单位支付费用。具体办法由国务院社会保险行政部门会同国务院财政部门规定。

2. 工伤预防

（1）目的意义。工伤预防是指采用经济、管理和技术等手段，事先防范工伤事故及职业病的发生，改善和创造有利于安全、健康的工作条件，减少工伤事故以及职业病的隐患，保护劳动者在劳动过程中的安全、健康。

（2）原则要求。用人单位和职工应当遵守有关安全生产和职业病防治的法律法规，执行安全卫生规程和标准，预防工伤事故发生，避免和减少职业病危害。

（3）执行机构。工伤预防费使用管理工作由统筹地区人力资源和社会保障部门会同财政、卫生健康、应急管理（安全监管）部门按照各自职责做好相关工作。

（4）项目支出。工伤预防费用于下列项目的支出：

1）工伤事故和职业病预防宣传；

2）工伤事故和职业病预防培训。

（5）项目开展。项目开展的内容包括：

1）统筹地区行业协会和大中型企业等社会组织根据本地区

确定的工伤预防重点领域，于每年工伤保险基金预算编制前提出下一年拟开展的工伤预防项目，编制项目实施方案和绩效目标，向统筹地区的人力资源和社会保障行政部门申报。

2）面向社会和中小微企业的工伤预防项目，可由人力资源和社会保障、卫生健康、应急管理（安全监管）行政部门参照政府采购法等相关规定，从具备相应条件的社会、经济组织以及医疗卫生机构中选择提供工伤预防服务的机构，推动组织项目实施。

3. 工伤认定

（1）认定范围。关于职工工伤认定的范围及其相关要求，主要包括以下几个方面。

1）应当认定为工伤的情形：

①在工作时间和工作场所内，因工作原因受到事故伤害的；

②工作时间前后在工作场所内，从事与工作有关的预备性或者收尾性工作受到事故伤害的；

③在工作时间和工作场所内，因履行工作职责受到暴力等意外伤害的；

④患职业病的；

⑤因工外出期间，由于工作原因受到伤害或者发生事故下落不明的；

⑥在上下班途中，受到非本人主要责任的交通事故或者城市轨道交通、客运轮渡、火车事故伤害的；

⑦法律、行政法规规定应当认定为工伤的其他情形。

2）应当视同工伤的情形：

①在工作时间和工作岗位，突发疾病死亡或者在48小时之内经抢救无效死亡的；

②在抢险救灾等维护国家利益、公共利益活动中受到伤害的；

③职工原在军队服役，因战、因公负伤致残，已取得革命伤残军人证，到用人单位后旧伤复发的。

3）职工符合上述认定、视同工伤的规定，但是有下列情形之一的，不得认定为工伤或者视同工伤：

①故意犯罪的；

②醉酒或者吸毒的；

③自残或者自杀的。

（2）申请人。所在单位、受伤害职工或者其近亲属、工会组织按照相关规定程序提出工伤认定申请。

（3）申请时限。职工发生事故伤害或者按照职业病防治法规定被诊断、鉴定为职业病，所在单位应当自事故伤害发生之日或者被诊断、鉴定为职业病之日起30日内，向统筹地区社会保险行政部门提出工伤认定申请。遇有特殊情况，经报社会保险行政部门同意，申请时限可以适当延长。

用人单位未在规定的时限内提出工伤认定申请的，受伤害职工或者其近亲属、工会组织在事故伤害发生之日或者被诊断、鉴定为职业病之日起1年内，可以直接按照规定提出工伤认定申请。

（4）申请材料。提出工伤认定申请应当填写《工伤认定申请表》，并提交下列材料：

1）劳动、聘用合同文本复印件或者与用人单位存在劳动关系（包括事实劳动关系）、人事关系的其他证明材料；

2）医疗机构出具的受伤后诊断证明书或者职业病诊断证明书（或者职业病诊断鉴定书）；

根据申请事项的具体情况，按照《工伤认定申请表》填表说明等要求提交相应的证明材料。

（5）申请受理。社会保险行政部门收到工伤认定申请后，应当在 15 日内对申请人提交的材料进行审核，材料完整的，作出受理或者不予受理的决定；材料不完整的，应当以书面形式一次性告知申请人需要补正的全部材料。社会保险行政部门收到申请人提交的全部补正材料后，应当在 15 日内作出受理或者不予受理的决定。

社会保险行政部门决定受理的，应当出具《工伤认定申请受理决定书》；决定不予受理的，应当出具《工伤认定申请不予受理决定书》。

（6）调查核实。社会保险行政部门受理工伤认定申请后，可以根据需要对申请人提供的证据进行调查核实。

社会保险行政部门进行调查核实，应当由两名以上工作人员共同进行，并出示执行公务的证件。

社会保险行政部门工作人员在工伤认定中，可以进行以下调查核实工作：

1）根据工作需要，进入有关单位和事故现场；

2）依法查阅与工伤认定有关的资料，询问有关人员并作出调查笔录；

3）记录、录音、录像和复制与工伤认定有关的资料。调查核实工作的证据收集参照行政诉讼证据收集的有关规定执行。

（7）举证责任。职工或者其近亲属认为是工伤，用人单位不认为是工伤的，由该用人单位承担举证责任。用人单位拒不举证的，社会保险行政部门可以根据受伤害职工提供的证据或者调查取得的证据，依法作出工伤认定决定。

（8）认定中止。社会保险行政部门受理工伤认定申请后，作出工伤认定决定需要以司法机关或者有关行政主管部门的结论为依据的，在司法机关或者有关行政主管部门尚未作出结论期间，作出工伤认定决定的时限中止，并书面通知申请人。

（9）作出结论。社会保险行政部门应当自受理工伤认定申请之日起60日内作出工伤认定决定，出具《认定工伤决定书》或者《不予认定工伤决定书》。社会保险行政部门对于事实清楚、权利义务明确的工伤认定申请，应当自受理工伤认定申请之日起15日内作出工伤认定决定。

（10）结论送达。社会保险行政部门应当自工伤认定决定作出之日起20日内，将《认定工伤决定书》或者《不予认定工伤决定书》送达受伤害职工（或者其近亲属）和用人单位，并抄送社会保险经办机构。

（11）救济途径。职工或者其近亲属、用人单位对不予受理决定不服或者对工伤认定决定不服的，可以依法申请行政复议或者提起行政诉讼。

4. 工伤医疗

（1）就医机构。职工治疗工伤应当在签订服务协议的医疗机构就医，情况紧急时可以先到就近的医疗机构急救。

（2）报销范围。治疗工伤所需费用符合工伤保险诊疗项目目录、工伤保险药品目录、工伤保险住院服务标准的，从工伤保险基金支付。

工伤职工治疗非工伤引发的疾病，不享受工伤医疗待遇，按照基本医疗保险办法处理。

（3）保障措施。社会保险行政部门作出认定为工伤的决定后发生行政复议、行政诉讼的，行政复议和行政诉讼期间不停止支付工伤职工治疗工伤的医疗费用。

5. 工伤康复

（1）康复机构。工伤职工应到签订服务协议的医疗机构进行工伤康复。

（2）报销范围。符合《工伤康复服务项目（试行）》和《工伤康复服务规范（试行）》（人社部发〔2013〕30 号），涉及药品、诊疗及住院服务的，按工伤保险诊疗项目目录、工伤保险药品目录、工伤保险住院服务标准执行。

工伤职工到签订服务协议的医疗机构进行工伤康复的费用，符合规定的，从工伤保险基金支付。

6. 劳动能力鉴定

（1）申请情形。职工发生工伤，经治疗伤情相对稳定后存在残疾、影响劳动能力的，应当进行劳动能力鉴定。

（2）鉴定等级。劳动能力鉴定是指劳动功能障碍程度和生活自理障碍程度的等级鉴定。劳动功能障碍分为 10 个伤残等级，最重的为一级，最轻的为十级。

生活自理障碍分为 3 个等级：生活完全不能自理、生活大部分不能自理和生活部分不能自理。

（3）鉴定申请。劳动能力鉴定由用人单位、工伤职工或者其近亲属向设区的市级劳动能力鉴定委员会提出申请，并提供工伤认定决定和职工工伤医疗的有关资料。

（4）申请材料。申请劳动能力鉴定应当填写劳动能力鉴定申请表，并提交下列材料：

1）《工伤认定决定书》原件和复印件；

2）有效的诊断证明、按照医疗机构病历管理有关规定复印或者复制的检查、检验报告等完整病历材料；

3）工伤职工的居民身份证或者社会保障卡等其他有效身份证明原件和复印件；

4）劳动能力鉴定委员会规定的其他材料。

（5）鉴定程序。设区的市级劳动能力鉴定委员会收到劳动能力鉴定申请后，应当从其建立的医疗卫生专家库中随机抽取3名或者5名相关专家组成专家组，由专家组提出鉴定意见。设区的市级劳动能力鉴定委员会根据专家组的鉴定意见作出工伤职工劳动能力鉴定结论；必要时，可以委托具备资格的医疗机构协助进行有关的诊断。

（6）现场鉴定。劳动能力鉴定委员会应当提前通知工伤职工进行鉴定的时间、地点以及应当携带的材料。工伤职工应当按照通知的时间、地点参加现场鉴定。对行动不便的工伤职工，劳动能力鉴定委员会可以组织专家上门进行劳动能力鉴定。组织劳动能力鉴定的工作人员应当对工伤职工的身份进行核实。

工伤职工因故不能按时参加鉴定的，经劳动能力鉴定委员会同意，可以调整现场鉴定的时间，作出劳动能力鉴定结论的期限相应顺延。

（7）结论时限。设区的市级劳动能力鉴定委员会应当自收到劳动能力鉴定申请之日起60日内作出劳动能力鉴定结论，必要时，作出劳动能力鉴定结论的期限可以延长30日。劳动能力鉴定结论应当及时送达申请鉴定的单位和个人。

（8）再次鉴定。工伤职工或者其用人单位对初次鉴定结论不服的，可以在收到该鉴定结论之日起15日内向省、自治区、直辖市劳动能力鉴定委员会申请再次鉴定。省、自治区、直辖市劳动能力鉴定委员会作出的劳动能力鉴定结论为最终结论。

（9）复查鉴定。自劳动能力鉴定结论作出之日起1年后，工伤职工、用人单位或者社会保险经办机构认为伤残情况发生变化的，可以向设区的市级劳动能力鉴定委员会申请劳动能力复查鉴定。

7. 劳动能力确认

（1）确认范围。劳动能力确认的范围包括：

1）辅助器具配置确认；

2）医疗终结期确认；

3）停工留薪期确认；

4）工伤复发确认；

5）工伤康复确认。

（2）一般流程。劳动能力确认的一般流程为：

1）符合申请情形，提出申请；

2）劳动能力鉴定委员会审核材料，决定是否受理；

3）符合受理条件的，在规定时限内作出确认结论，并送达。

8. 工伤保险待遇

（1）申请条件。按照规定参加工伤保险并及时足额缴纳工伤保险费，发生符合《工伤保险条例》规定的待遇并按规定办理申请手续及提交申请材料的。

（2）待遇项目。根据《社会保险法》第三十八条、第三十九条，《工伤保险条例》第五章有关规定，工伤（亡）职工工伤保险待遇具体包括如下 16 个待遇项目（其他的项目是指各地有省颁条例或实施细则的，根据具体规定，待遇项目可能会有所增加）。

1）工伤医疗费；

2）工伤康复费；

3）住院治疗工伤的伙食补助费；

4）到统筹地区以外就医交通、食宿费；

5）辅助器具装配费；

6）停工留薪期工资福利待遇；

7）停工留薪期内护理；

8）生活护理费；

9）一次性伤残补助金；

10）伤残津贴；

11）一次性工伤医疗补助金；

12）一次性伤残就业补助金；

13）丧葬补助金；

14）供养亲属抚恤金；

15）一次性工亡补助金；

16）其他。

具体详见表1—2。

表1—2　　工伤保险待遇项目及依据

编号	工伤保险待遇项目	依据条款
1	工伤医疗费	《工伤保险条例》第三十条
2	工伤康复费	《工伤保险条例》第三十条
3	住院治疗工伤的伙食补助费	《工伤保险条例》第三十条
4	到统筹地区以外就医交通、食宿费	《工伤保险条例》第三十条
5	辅助器具装配费	《工伤保险条例》第三十二条
6	停工留薪期工资福利待遇	《工伤保险条例》第三十三条
7	停工留薪期内护理	《工伤保险条例》第三十三条
8	生活护理费	《工伤保险条例》第三十四条
9	一次性伤残补助金	《工伤保险条例》第三十五条、第三十六条、第三十七条
10	伤残津贴	《工伤保险条例》第三十五条、第三十六条

续表

编号	工伤保险待遇项目	依据条款
11	一次性工伤医疗补助金	《工伤保险条例》第三十六条、第三十七条
12	一次性伤残就业补助金	《工伤保险条例》第三十六条、第三十七条
13	丧葬补助金	《工伤保险条例》第三十九条
14	供养亲属抚恤金	《工伤保险条例》第三十九条
15	一次性工亡补助金	《工伤保险条例》第三十九条
16	其他	根据各省条例或实施细则等具体规定

（3）待遇核定。待遇核定按照《社会保险法》第三十八条、第三十九条，以及《工伤保险条例》第五章有关规定执行，具体待遇详见本书第九章有关内容。

（4）停止享受待遇条件。工伤职工有下列情形之一的，停止享受工伤保险待遇：

1）丧失享受待遇条件的；

2）拒不接受劳动能力鉴定的；

3）拒绝治疗的。

（5）特殊情形。用人单位分立、合并、转让的，承继单位应当承担原用人单位的工伤保险责任；原用人单位已经参加工伤保险的，承继单位应当到当地经办机构办理工伤保险变更登记。

用人单位实行承包经营的，工伤保险责任由职工劳动关系所在单位承担。

职工被借调期间受到工伤事故伤害的，由原用人单位承担工伤保险责任，但原用人单位与借调单位可以约定补偿办法。

企业破产的，在破产清算时依法拨付应当由单位支付的工伤保险待遇费用。

其他待遇特殊处理情形，参见本书第九章关于各项待遇的具体规定。

（6）争议处理。职工与用人单位发生工伤待遇方面的争议，按照劳动争议的有关规定处理。

（7）救济途径。工伤职工或者其近亲属对经办机构核定的工伤保险待遇有异议的，有关单位或者个人可以依法申请行政复议，也可以依法向人民法院提起行政诉讼。

9. 工伤保险个人权益记录

（1）权益范围。社会保险个人权益记录，是指以纸质材料和电子数据等载体记录的反映参保人员及其用人单位履行社会保险义务、享受社会保险权益状况的信息，包括下列内容：

1）参保人员及其用人单位社会保险登记信息；

2）参保人员及其用人单位缴纳社会保险费、获得相关补贴的信息；

3）参保人员享受社会保险待遇资格及领取待遇的信息；

4）参保人员缴费年限和个人账户信息；

5）其他反映社会保险个人权益的信息。

（2）查询服务。社会保险经办机构应当向参保人员及其用人单位开放社会保险个人权益记录查询程序，界定可供查询的内容，通过社会保险经办机构网点、自助终端或者电话、网站等方式提供查询服务。

（3）查询要求。参保人员向社会保险经办机构查询本人社会保险个人权益记录的，需持本人有效身份证件；参保人员委托他人向社会保险经办机构查询本人社会保险个人权益记录的，被委托人需持书面委托材料和本人有效身份证件。需要书面查询结果或者出具本人参保缴费、待遇享受等书面证明的，社会保险经办机构应当按照规定提供。

（4）异议处理。参保人员或者用人单位对社会保险个人权益记录存在异议时，可以向社会保险经办机构提出书面核查申请，并提供相关证明材料。社会保险经办机构应当进行复核，确实存在错误的，应当改正。

（5）其他查询。其他申请查询社会保险个人权益记录的单位，应当向社会保险经办机构提出书面申请。申请应当包括下列内容：

1）申请单位的有效证明文件、单位名称、联系方式；

2）查询目的和法律依据；

3）查询的内容。

（6）查询处理。社会保险经办机构收到依上述规定提出的查询申请后，应当进行审核，并按照下列情形分别作出处理：

1）对依法应当予以提供的，按照规定程序提供；

2）对无法律依据的，应当向申请人作出说明。

三、工伤保险权益保障概述

1. 工伤保险权益保障的内容

（1）工伤职工。依法按法律法规规定享受各项工伤保险保障及待遇，包括依法参加工伤保险，具有知情权、获得工伤预防知识培训、发生事故后能享受相应的救治、处置及待遇，对各项待遇、处置不服的，按规定救济途径进行处理等。

（2）用人单位。按规定为本单位职工参加工伤保险并及时足额缴纳工伤保险费之后，获得工伤保险基金提供的各项工伤保险保障，对相关待遇、处置、处理不服的，按照规定救济途径进行处理等。

2. 获得工伤保险权益保障的前提

工伤保险权益的保障，是建立在严格按照法律、行政法规、规章文件及业务办理指引执行工伤保险政策及办理工伤保险业务手续的前提之下的，实现工伤保险权益保障的方式包括：

（1）依法参加工伤保险并缴费。严格按照规定参加工伤保险并及时、足额缴纳工伤保险费，是从根本上保障用人单位和职工工伤保险权益的主要甚至是必要方式，绝大部分工伤保险权益争议，除工伤认定等存在政策认识、待遇领取存在资料不齐之外，几乎都与工伤保险参保缴费问题直接相关。

用人单位依法为职工参加工伤保险，并依法及时、足额缴纳工伤保险费，是职工发生工伤事故或受到职业病伤害之后合法享受工伤保险待遇，减少争议的重要甚至是唯一的解决途径。

（2）按业务办理要求办理及提交材料。工伤保险各项具体业务的办理，均有明确的时限及程序性要求。未按照规定的时限及程序要求，即会引发争议，例如，工伤认定单位应当自事故伤害发生之日或者被诊断、鉴定为职业病之日起 30 日内提出申请，用人单位未按规定时限提交工伤认定申请的，在此期间发生符合《工伤保险条例》规定的工伤待遇等有关费用由用人单位负担，用人单位拒付时即会引发争议；各项工伤保险待遇的申领，均需要按照规定主动提交相应的资料，如未能按要求提交相应的证明材料的，会影响工伤保险权益的实现。

（3）对工伤保险处理或决定不服的，按规定的救济途径解决争议。工伤保险业务流程长，环节众多，既有行政审批又有待遇核定，还有各项专业性的确认等，相对复杂。由于政策理解、执行等问题，不可避免会出现当事人对业务处理结果不服的情况，需要结合业务的具体情形，按照相应业务的救济途径对业务办理结论提出异议，维护自身合法权益。具体内容详见表 1—3。

表 1—3　　工伤保险权益保障方式和争议避免方法

编号	权益保障方式	避免引起的争议
1	依法参加工伤保险并缴费	避免各种因费用、标准、金额引起的争议，如： （1）用人单位没有依法参保的问题 （2）用人单位因不依法参保（如参保基数不足、参保时间、未按时限缴费等）导致待遇由单位支付，但是单位拒付的问题
2	按业务办理要求办理及提交材料	避免各种因程序和手续不齐导致的待遇扣减问题： （1）用人单位未在 30 日内提出认定申请的，在此期间发生符合《工伤保险条例》规定的费用由单位支付问题 （2）《工伤保险条例》第四十二条规定的工伤职工有下列情形之一的，停止享受工伤保险待遇： 1）丧失享受待遇条件的 2）拒不接受劳动能力鉴定的 3）拒绝治疗的 （3）各项业务具体办理中，拒不按要求提交材料，会导致办理事项延误，或直接影响相应的待遇保障
3	按规定救济途径解决争议	（1）对工伤认定不予受理决定不服或者对工伤认定决定不服的，可以依法申请行政复议或者提起行政诉讼 （2）对经办机构核定的工伤保险待遇有异议的，有关单位或者个人可以依法申请行政复议，也可以依法向人民法院提起行政诉讼 （3）对设区的市级劳动能力鉴定委员会作出的鉴定结论不服的，可以在收到该鉴定结论之日起 15 日内向省、自治区、直辖市劳动能力鉴定委员会提出再次鉴定申请。省、自治区、直辖市劳动能力鉴定委员会作出的劳动能力鉴定结论为最终结论

3. 工伤保险权益保障的主要情形及途径

（1）关于未依法参加工伤保险并缴费的情形，主要包括以下两个方面：

1）根据《工伤保险条例》第五十五条规定，用人单位对经办机构确定的单位缴费费率不服的，有关单位可以依法申请行政复议，也可以依法向人民法院提起行政诉讼。

2）根据《社会保险费征缴暂行条例》（中华人民共和国国务院令第259号）第二十五条规定，缴费单位和缴费个人对劳动保障行政部门或者税务机关的处罚决定不服的，可以依法申请复议；对复议决定不服的，可以依法提起诉讼。

（2）对工伤认定结论不服。根据《工伤认定办法》（人力资源和社会保障部令第8号）第二十三条规定，职工或者其近亲属、用人单位对不予受理决定不服或者对工伤认定决定不服的，可以依法申请行政复议或者提起行政诉讼。

（3）对于未按业务办理要求办理业务及提交资料的，按照以下方式处理：

1）根据《工伤保险条例》第十七条规定，职工发生事故伤害或者按照职业病防治法规定被诊断、鉴定为职业病，用人单位未在规定的时限内提交工伤认定申请，在此期间发生符合该条例规定的工伤待遇等有关费用由该用人单位负担。

2）根据《工伤保险条例》第四十二条规定，工伤职工有下列情形之一的，停止享受工伤保险待遇：

①丧失享受待遇条件的；

②拒不接受劳动能力鉴定的；

③拒绝治疗的。

3）工伤医疗、工伤康复、住院伙食补助等各项待遇，均有自身的待遇核定条件和程序要求，各项业务具体办理中，拒不按程序办理或按照要求提交材料，均会导致办理事项延误，或直接影响相应的待遇保障，具体参见本书第九章的有关内容。

（4）对工伤保险待遇支付事项不服。根据《工伤保险条例》第五十五条规定，工伤职工或者其近亲属对经办机构核定的工伤保险待遇有异议的，有关单位或者个人可以依法申请行政复议，也可以依法向人民法院提起行政诉讼。

四、其他几种具体情形的权益维护

1. 农民工参加工伤保险权益保障

根据《关于农民工参加工伤保险有关问题的通知》（劳社部发〔2004〕18 号）规定了农民工有如下参加工伤保险的权益保障措施：

（1）各级劳动保障部门要统一思想，提高认识，高度重视农民工工伤保险权益维护工作。要做好农民工参加工伤保险、依法享受工伤保险待遇的有关工作，把这项工作作为全面贯彻落实《工伤保险条例》，为农民工办实事的重要内容。

（2）各级劳动保障部门要加大对农民工参加工伤保险的宣传和督促检查力度，积极为农民工提供咨询服务，促进农民工参加工伤保险。同时要认真做好工伤认定、劳动能力鉴定工作，对侵害农民工工伤保险权益的行为要严肃查处，切实保障农民工的合法权益。

2. 建筑业工人权益维护

根据《关于进一步做好建筑业工伤保险工作的意见》（人社部发〔2014〕103 号）规定了建筑业工人权益维护措施：

（1）严肃查处谎报瞒报事故的行为。发生生产安全事故时，建筑施工企业现场有关人员和企业负责人要严格依照《生产安全事故报告和调查处理条例》等规定，及时、如实向安全生产监督管理、住房和城乡建设及其他负有监管职责的部门报告，并做好工伤保险相关工作。事故报告后出现新情况的，要及时补报。对谎报、瞒报事故和迟报、漏报的有关单位和人员，要严格依法查处。

（2）积极发挥工会组织在职工工伤维权工作中的作用。各级工会要加强基层组织建设，通过项目工会、托管工会、联合工会等多种形式，努力将建筑施工一线职工纳入工会组织，为其提供维权依托。提升基层工会组织在职工工伤维权方面的业务能力和服务水平。具备条件的企业工会要设立工伤保障专员，学习掌握工伤保险政策，介入工伤事故处理的全过程，了解工伤职工需求，跟踪工伤待遇支付进程，监督工伤职工各项权益落实情况。

（3）齐抓共管合力维护建筑工人工伤权益。人力资源和社会保障部门要积极会同相关部门，把大力推进建筑施工企业参加工伤保险作为当前扩大社会保险覆盖面的重要任务和重点工作领域，对各类建筑施工企业和建设项目进行摸底排查，力争尽快实现全面覆盖。各地人力资源和社会保障、住房和城乡建设、安全生产监督管理（现为应急管理）等部门要认真履行各自职能，对违法施工、非法转包、违法用工、不参加工伤保险等违法行为依法予以查处，进一步规范建筑市场秩序，保障建筑业职工工伤保险权益。人力资源和社会保障、住房和城乡建设、安全生产监督管理（现为应急管理）等部门和总工会要定期组织开展建筑业职工工伤维权工作情况的联合督查。有关部门和工会组织要建立部门间信息共享机制，及时沟通项目开工、项目用工、参加工伤保险、安全生产监督管理等信息，实现建筑业职工参保等信息互联互通，为维护建筑业职工工伤权益提供有效保障。

3. 在中国境内就业的外国人权益

根据《在中国境内就业的外国人参加社会保险暂行办法》（人力资源和社会保障部令第16号）第八条规定，根据依法参加社会保险的外国人与用人单位或者境内工作单位因社会保险发生争议的，可以依法申请调解、仲裁、提起诉讼。用人单位或者境内工作单位侵害其社会保险权益的，外国人也可以要求社会保险行政部门或者社会保险费征收机构依法处理。

第二章 工伤保险参保缴费

一、工伤保险参保缴费概述

1. 工伤保险参保缴费项目和主要内容

综合《社会保险法》《工伤保险条例》《工伤保险经办规程》等规定，工伤保险参保缴费项目和主要内容详见表2—1。

表2—1　　工伤保险参保缴费项目和主要内容

编号	项目	主要内容
1	参保单位范围	中华人民共和国境内的企业、事业单位、社会团体、民办非企业单位、基金会、律师事务所、会计师事务所等组织和有雇工的个体工商户
2	参保人员范围	本用人单位全部职工或者雇工
3	缴费责任方	用人单位应当按时缴纳工伤保险费。职工个人不缴纳工伤保险费
4	缴费方式	用人单位缴纳工伤保险费的数额为本单位职工工资总额乘以单位缴费费率之积。对难以按照工资总额缴纳工伤保险费的行业，其缴纳工伤保险费的具体方式，由国务院社会保险行政部门规定

续表

编号	项目	主要内容
5	基准费率	按照《国民经济行业分类》（GB/T 4754—2011）对行业的划分，根据不同行业的工伤风险程度，将行业工伤风险类别划分为一类至八类。一类至八类行业基准费率按分别控制在该行业用人单位职工工资总额的 0.2%、0.4%、0.7%、0.9%、1.1%、1.3%、1.6%、1.9% 左右
6	浮动费率	通过费率浮动的办法确定每个行业内的费率档次。一类行业分为 3 个档次，即在基准费率的基础上，可向上浮动至 120%、150%；二类至八类行业分为 5 个档次，即在基准费率的基础上，可分别向上浮动至 120%、150% 或向下浮动至 80%、50%
7	公示监督	用人单位应当将参加工伤保险的有关情况在本单位内公示。职工个人有权监督本单位为其缴费情况
8	业务流程	社会保险登记包括参保登记、变更登记、注销登记、社会保险登记证管理等内容。 工伤保险费征缴包括基数核定、费率核定、缴费核定、缴费结算、欠费管理等内容
9	特殊人员参保	铁路企业、在中国境内就业的外国人、派遣用工、建筑业用工、中央企业用工、农民工、部分企业缴费按具体办法执行

2. 工伤保险参保范围

（1）根据《工伤保险条例》第二条规定，中华人民共和国境内的企业、事业单位、社会团体、民办非企业单位、基金会、律师事务所、会计师事务所等组织和有雇工的个体工商户（统称为用人单位）应当依照该条例规定参加工伤保险，为本单位全部职工或者雇工（统称为职工）缴纳工伤保险费。

（2）根据《工伤保险条例》第六十五条规定，公务员和参照公务员法管理的事业单位、社会团体的工作人员因工作遭受事故伤害或者患职业病的，由所在单位支付费用。具体办法由国务院社会保险行政部门会同国务院财政部门规定。

（3）根据《关于进一步做好事业单位等参加工伤保险工作有关问题的通知》（人社部发〔2012〕67号）规定：

1）事业单位、社会团体、民办非企业单位、基金会、律师事务所、会计师事务所等组织按照《社会保险法》《工伤保险条例》规定，依照属地管理原则，参加统筹地区的工伤保险，并按时足额缴纳工伤保险费。缴纳工伤保险费所需费用从社会保障缴费中列支，其费率均暂按一类风险行业执行。

2）事业单位、社会团体、民办非企业单位、基金会、律师事务所、会计师事务所等组织的工作人员遭受事故伤害或者患职业病的，其工伤范围、工伤认定、劳动能力鉴定、待遇标准等按照《工伤保险条例》规定执行。

3）参照公务员法管理的事业单位、社会团体工作人员因工作遭受事故伤害或者患职业病的，按照《工伤保险条例》第六十五条的规定执行。

3. 工伤保险费缴费责任方

根据《工伤保险条例》第十条规定，用人单位应当按时缴纳工伤保险费。职工个人不缴纳工伤保险费。

4. 用人单位工伤保险缴费风险类别划分

根据《人力资源社会保障部　财政部关于调整工伤保险费率政策的通知》（人社部发〔2015〕71号，以下简称《关于调整工伤保险费率政策的通知》）第一条规定，关于行业工伤风险类别划分，按照《国民经济行业分类》对行业的划分，根据不同行业的工伤风险程度，由低到高，依次将行业工伤风险类别划分为一类至八类，详见表2—2。

表2—2　行业工伤风险类别划分

行业类别	行业名称
一	软件和信息技术服务业，货币金融服务，资本市场服务，保险业，其他金融业，科技推广和应用服务业，社会工作，广播、电视、电影和影视录音制作业，中国共产党机关，国家机构，人民政协、民主党派，社会保障，群众团体、社会团体和其他成员组织，基层群众自治组织，国际组织
二	批发业，零售业，仓储业，邮政业，住宿业，餐饮业，电信、广播电视和卫星传输服务，互联网和相关服务，房地产业，租赁业，商务服务业，研究和试验发展，专业技术服务业，居民服务业，其他服务业，教育，卫生，新闻和出版业，文化艺术业
三	农副食品加工业，食品制造业，酒、饮料和精制茶制造业，烟草制品业，纺织业，木材加工和木、竹、藤、棕、草制品业，文教、工美、体育和娱乐用品制造业，计算机、通信和其他电子设备制造业，仪器仪表制造业，其他制造业，水的生产和供应业，机动车、电子产品和日用产品修理业，水利管理业，生态保护和环境治理业，公共设施管理业，娱乐业
四	农业，畜牧业，农、林、牧、渔服务业，纺织服装、服饰业，皮革、毛皮、羽毛及其制品和制鞋业，印刷和记录媒介复制业，医药制造业，化学纤维制造业，橡胶和塑料制品业，金属制品业，通用设备制造业，专用设备制造业，汽车制造业，铁路、船舶、航空航天和其他运输设备制造业，电气机械和器材制造业，废弃资源综合利用业，金属制品、机械和设备修理业，电力、热力生产和供应业，燃气生产和供应业，铁路运输业，航空运输业，管道运输业，体育
五	林业，开采辅助活动，家具制造业，造纸和纸制品业，建筑安装业，建筑装饰和其他建筑业，道路运输业，水上运输业，装卸搬运和运输代理业
六	渔业，化学原料和化学制品制造业，非金属矿物制品业，黑色金属冶炼和压延加工业，有色金属冶炼和压延加工业，房屋建筑业，土木工程建筑业

续表

行业类别	行业名称
七	石油和天然气开采业，其他采矿业，石油加工、炼焦和核燃料加工业
八	煤炭开采和洗选业，黑色金属矿采选业，有色金属矿采选业，非金属矿采选业

5. 用人单位工伤保险缴费行业差别费率及浮动费率

根据《关于调整工伤保险费率政策的通知》第二条规定，不同工伤风险类别的行业执行不同的工伤保险行业基准费率。各行业工伤风险类别对应的全国工伤保险行业基准费率为：一类至八类分别控制在该行业用人单位职工工资总额的0.2%、0.4%、0.7%、0.9%、1.1%、1.3%、1.6%、1.9%左右。

通过费率浮动的办法确定每个行业内的费率档次。一类行业分为3个档次，即在基准费率的基础上，可向上浮动至120%、150%；二类至八类行业分为5个档次，即在基准费率的基础上，可分别向上浮动至120%、150%或向下浮动至80%、50%。

各统筹地区人力资源和社会保障部门要会同财政部门，按照“以支定收、收支平衡”的原则，合理确定本地区工伤保险行业基准费率具体标准，并征求工会组织、用人单位代表的意见，报统筹地区人民政府批准后实施。基准费率的具体标准可根据统筹地区经济产业结构变动、工伤保险费使用等情况适时调整。

6. 用人单位工伤保险费率浮动

根据《关于调整工伤保险费率政策的通知》第三条规定，关于用人单位费率的确定与浮动，统筹地区社会保险经办机构根据用人单位工伤保险费使用、工伤发生率、职业病危害程度等因素，确定其工伤保险费率，并可依据上述因素变化情况，每一至三年确定其在所属行业不同费率档次间是否浮动。对符合浮动条件的用人单位，每次可上下浮动一档或两档。统筹地区工伤保险最低费率不低于本地区一类风险行业基准费率，详见表 2—3。费率浮动的具体办法由统筹地区人力资源和社会保障部门商财政部门制定，并征求工会组织、用人单位代表的意见。

表 2—3　　行业工伤保险缴费费率浮动

行业类别	基准费率	浮动档次	缴费费率
一类行业	0.2%	上浮二档	0.30%
		上浮一档	0.24%
		基准费率	0.20%
二类行业	0.4%	上浮二档	0.60%
		上浮一档	0.48%
		基准费率	0.40%
		下浮一档	0.32%
		下浮二档	0.20%
三类行业	0.7%	上浮二档	1.05%
		上浮一档	0.84%
		基准费率	0.70%
		下浮一档	0.56%
		下浮二档	0.35%
四类行业	0.9%	上浮二档	1.35%
		上浮一档	1.08%
		基准费率	0.90%
		下浮一档	0.72%
		下浮二档	0.45%

续表

行业类别	基准费率	浮动档次	缴费费率
五类行业	1.1%	上浮二档	1.65%
		上浮一档	1.32%
		基准费率	1.10%
		下浮一档	0.88%
		下浮二档	0.55%
六类行业	1.3%	上浮二档	1.95%
		上浮一档	1.56%
		基准费率	1.30%
		下浮一档	1.04%
		下浮二档	0.65%
七类行业	1.6%	上浮二档	2.40%
		上浮一档	1.92%
		基准费率	1.60%
		下浮一档	1.28%
		下浮二档	0.80%
八类行业	1.9%	上浮二档	2.85%
		上浮一档	2.28%
		基准费率	1.90%
		下浮一档	1.52%
		下浮二档	0.95%

7. 用人单位工伤保险费缴纳核定

根据《工伤保险条例》第十条规定，用人单位应当按时缴纳工伤保险费。职工个人不缴纳工伤保险费。用人单位缴纳工伤保险费的数额为本单位职工工资总额乘以单位缴费费率之积。

对难以按照工资总额缴纳工伤保险费的行业，其缴纳工伤保险费的具体方式，由国务院社会保险行政部门规定。具体按照《部分行业企业工伤保险费缴纳办法》（人力资源和社会保障部令第10号）具体规定执行。

8. 工伤保险缴费中的“工资总额”

根据《工伤保险条例》第六十四条规定，该条例所称工资总额，是指用人单位直接支付给本单位全部职工的劳动报酬总额。

9. 工伤保险缴费情况公示

根据《工伤保险条例》第四条规定，用人单位应当将参加工伤保险的有关情况在本单位内公示。

根据《社会保险法》第四条规定，中华人民共和国境内的用人单位和个人依法缴纳社会保险费，个人有权监督本单位为其缴费情况。

二、工伤保险参保缴费手续办理

1. 社会保险登记

根据《工伤保险经办规程》规定，社会保险登记包括参保登记、变更登记、注销登记、社会保险登记证管理等内容。

（1）参保登记

1）登记部门应与工商行政管理、民政和机构编制管理机关等用人单位登记管理部门建立信息沟通机制，及时获取用人单位成立、终止的信息。

获取的信息包括工商注册号、单位名称、法定代表人、注册类型、成立日期、变更事项、地址、联系电话等内容。

登记部门应及时接收公安机关通报的参保人员出生、死亡，公民身份号码、姓名变更以及户口登记、迁移、注销等情况，掌握个人信息变动情况。

2）用人单位依法参加工伤保险时，登记部门为其办理工伤保险参保登记。用人单位需填报《社会保险登记表》并提供以下证件和资料：

①营业执照、事业单位法人证书、社会团体法人登记证书、民办非企业单位登记证书或批准成立证件；

②组织机构统一代码证书；

③省、自治区、直辖市经办机构规定的其他证件和资料。

对在统筹地区外参加其他社会保险项目而申请在本地区参加工伤保险的，还应提供其社会保险登记证及统筹地区外的参保缴费证明。

跨地区的特殊行业应采取相对集中的方式在统筹层次较高的地区异地参加工伤保险。

3）用人单位依法为其职工办理社会保险登记时，需填报《参加社会保险人员登记变动申报名册》并提供以下证件和资料：

①居民身份证原件及复印件；

②劳动合同等用工手续；

③省、自治区、直辖市经办机构规定的其他证件和资料。

4）登记部门应自受理用人单位申报之日起 15 日内审核完毕。审核通过后，根据用人单位营业执照或其他批准成立证件中登记的主要经营范围，对照《关于调整工伤保险费率政策的通知》，确定其行业风险类别。

经办机构向首次参加社会保险的用人单位核发社会保险登记证，为首次参加社会保险的职工个人建立社会保险关系，核发社会保障卡。

未通过参保审核的，登记部门应书面向用人单位说明原因。

5）用人单位要为本月申报缴费期结束后新招录的职工及时申报并补缴工伤保险费，登记部门根据其填报的《参加社会保险人员登记变动申报名册》及相关资料，为其办理职工参保预登记。并在下月申报缴费期办理职工参保登记手续。

（2）变更登记

1）用人单位在以下事项变更时，填报《社会保险变更登记表》，并提供参保登记时所需的证件和资料，登记部门为其办理工伤保险变更登记手续：

①单位名称；

②单位地址；

③法定代表人或负责人；

④单位类型；

⑤组织机构统一代码；

⑥主管部门或隶属关系；

⑦开户银行及账号；

⑧经营范围；

⑨省、自治区、直辖市经办机构规定的其他事项。

2）用人单位用工情况发生变更时，需填报《参加社会保险人员登记变动申报名册》并提供以下证件和资料：

①新招录。劳动合同等用工手续。其中属于招录外单位在册不在岗职工（含企事业单位停薪留职人员、未达到法定退休年龄

人员、下岗待岗人员及经营性停产放长假人员）在本单位从事临时劳动，存在多重劳动关系参加工伤保险的，需提供劳动协议或事实劳动关系的证明。

②解除或终止劳动关系。劳动合同到期、开除、辞退、辞职、应征入伍等相关资料或证明。

③退休。退休审批表。

④死亡。居民死亡医学证明书或其他死亡证明材料。

⑤其他情形。省、自治区、直辖市经办机构规定的其他相关资料。

3）登记部门对用人单位社会保险登记事项发生变化的，收回原社会保险登记证，并重新核发。对职工姓名、公民身份号码发生变更的，更新社会保障卡。

未通过变更审核的，登记部门应书面向用人单位说明原因。

（3）注销登记

1）用人单位发生以下情形时，填报《社会保险注销登记表》，登记部门为其办理社会保险注销登记手续：

①营业执照被注销或吊销；

②被批准解散、撤销、合并、破产、终止；

③国家法律法规规定的其他情形。

根据《社会保险登记管理办法》，用人单位营业执照被注销或吊销且连续两年未办理登记证验证，经办机构可强制进行注销登记。

2）用人单位办理注销登记时，根据注销类型分别提供以下证件和资料：

①注销通知或人民法院判决单位破产等法律文书；

②用人单位主管部门或有关部门批准解散、撤销、终止或合并的有关文件；

③社会保险登记证；

④省、自治区、直辖市经办机构规定的其他证件和资料。

3）登记部门审核上述证件和资料，并会同征缴部门确认用人单位结清欠费、滞纳金等，对符合注销条件的，办理注销社会保险登记手续。对已注销社会保险登记的用人单位职工信息另行管理。

2. 工伤保险费征缴

根据《工伤保险经办规程》规定，工伤保险费征缴包括基数核定、费率核定、缴费核定、缴费结算、欠费管理等内容。

（1）基数核定

1）征缴部门按统筹地区规定时间受理用人单位填报的《工伤保险缴费基数申报核定表》，并要求其提供以下资料：

①劳动工资统计月（年）报表；

②职工工资发放明细表；

③《缴费工资申报名册》；

④省、自治区、直辖市经办机构规定的其他资料。

2）征缴部门在规定时间审核用人单位提供的基数核定申报资料，确认职工人数、工资总额后，核定当期缴费基数，生成《缴费基数确认名册》，由用人单位确认。

审核用人单位缴费基数确认情况时，根据用人单位填报的《缴费基数确认情况汇总表》，审核由职工签字确认的《缴费工资申报名册》《缴费基数确认名册》或由用人单位签章确认的《缴费基数承诺书》。

3）核定缴费基数或审核基数确认情况时，若发现用人单位存在少报、漏报、瞒报情况的，征缴部门应要求用人单位限期补足，对拒不提供相关资料或不补足缴费的，转交稽核部门进行核查并责令补足。

（2）费率核定

1）登记部门根据用人单位登记时确定的行业风险类别和国务院社会保险行政部门确定的行业差别费率标准，核定其工伤保险初次缴费的基准费率。

2）征缴部门根据当地的工伤保险费率浮动办法及《工伤保险费率浮动规程》(《关于印发工伤保险费率浮动规程的通知》人社险中心函〔2011〕101号)，在核定基准费率的基础上，根据用人单位一定期限内工伤保险支缴率、工伤发生率、一级至四级伤残人数或因工死亡人数等费率浮动考核指标，填写《工伤保险费率浮动明细表》确定用人单位缴费费率，并于5个工作日内填写《工伤保险费率浮动告知书》告知用人单位。用人单位对费率浮动结果有异议的，填写《重新核定工伤保险费率申请表》。

3）经办机构每年4月30日前填写《工伤保险费率浮动情况汇总表》，报上级经办机构。根据工伤保险基金收支情况及基金预算执行情况，建立费率浮动效果跟踪分析制度，及时调整浮动费率。

（3）缴费核定

1）征缴部门根据用人单位当期缴费人数、缴费基数、缴费费率核定缴费金额，以及补缴金额、滞纳金，核定当期工伤保险费应缴总额。

2）用人单位核对无误后，根据《工伤保险缴费申报（核定）表》或《社会保险费申报（核定）表》，按规定时限办理缴费结算。

3）用人单位存在少报、漏报、瞒报等情况，征缴（登记）部门审核用人单位申报的《参加工伤保险人员补缴申报名册》及相关资料，根据缴费人数、缴费基数、补缴期限核定应补缴金额。

4）征缴部门核定加收的用人单位滞纳金，根据用人单位应缴起始时间，以及应补缴金额予以核定，将滞纳金金额计入用人单位应缴总额。

用人单位应缴起始时间按照统筹地区相关规定执行。

5）难以直接按照工资总额计算缴纳工伤保险费的建筑施工企业、小型服务企业、小型矿山等企业的缴费核定，按照参保地所在省（自治区、直辖市）社会保险行政部门制定的建筑施工企业、小型服务企业、小型矿山等企业工伤保险费缴费办法、标准，分别核定应缴金额。

（4）缴费结算

1）由经办机构征收的统筹地区，经办机构与国有商业银行签订收款服务协议，由商业银行受理用人单位采用委托扣款、小额借记、电汇、本票、刷卡等方式缴费。财务部门对账无误后，开具专用收款凭证，生成《工伤保险费实缴清单》，并通知征缴部门。

由税务机关代征的统筹地区，经办机构按月将《工伤保险缴费核定汇总表》及《工伤保险缴费核定明细表》传送给税务机关，作为征收依据。税务机关收款后，每月在规定时间内向经办机构传送到账信息、《工伤保险费实缴清单》，转交相关收款凭证。

2）征缴部门根据《工伤保险费实缴清单》，向申报后未及时缴纳工伤保险费的用人单位发出《社会保险费催缴通知书》。用人单位逾期未足额缴纳的，征缴部门建立欠费台账如实登记后转欠费管理。

（5）欠费管理

1）征缴部门根据工伤保险欠费台账，生成《社会保险费还欠通知单》，通知用人单位偿还欠费。

2）根据《社会保险费征缴暂行条例》，用人单位拒不缴纳欠费的，征缴部门会同稽核部门按照该规程的规定处理。

3）对因筹资困难，无法足额偿还欠费的用人单位，转交稽核部门进行缴费能力稽核。经核查情况属实的，征缴部门与其签订社会保险还欠协议（以下简称还欠协议）。如欠费单位发生被兼并、分立、破产等情况时，按下列方法签订还欠协议：

①欠费单位被兼并的，与兼并方签订还欠协议；

②欠费单位分立的，与各分立方签订还欠协议；

③欠费单位进入破产程序的，与清算组签订清偿协议；

④单位被拍卖出售或租赁的，与主管部门签订还欠协议。

⑤用人单位根据《工伤保险费还欠通知单》或还欠协议办理还欠的，由财务部门或税务机关按照相关规定收款。征缴部门根据还欠到账信息记载欠费台账。

破产单位无法完全清偿的欠费，征缴部门受理单位破产清算组提出的申请，转交财务部门按规定提请核销处理。

破产单位清算时应预留由用人单位支付的工伤保险待遇的相关费用。

三、工伤保险参保缴费权益维护

1. 职工在两个或两个以上用人单位同时就业

根据《关于实施〈工伤保险条例〉若干问题的意见》（劳社部函〔2004〕256号）第一条规定，职工在两个或两个以上用人单位同时就业的，各用人单位应当分别为职工缴纳工伤保险费。职工发生工伤，由职工受到伤害时其工作的单位依法承担工伤保险责任。

2. 用人单位注册地与生产经营地不在同一统筹地区

根据《人力资源社会保障部关于执行〈工伤保险条例〉若干问题的意见（二）》（人社部发〔2016〕29号）第七条规定，用人单位注册地与生产经营地不在同一统筹地区的，原则上应在注册地为职工参加工伤保险；未在注册地参加工伤保险的职工，可由用人单位在生产经营地为其参加工伤保险。

3. 铁路企业参加工伤保险

根据《关于铁路企业参加工伤保险有关问题的通知》（劳社部函〔2004〕257号）规定：

（1）铁路企业要按照属地管理原则参加工伤保险，执行国家和企业所在地的工伤保险政策。铁路运输企业以铁路局或铁路分局为单位集中参加铁路局或铁路分局所在地统筹地区的工伤保险。

（2）铁路企业要按照国家和所在地人民政府确定的铁路行业工伤保险费率，按时缴纳工伤保险费。工伤保险基金按照国家和统筹地区社会保险行政部门确定的有关规定进行筹集、使用和管理。

4. 职工被派遣出境工作的工伤保险

根据《工伤保险条例》第四十四条规定，职工被派遣出境工作，依据前往国家或者地区的法律应当参加当地工伤保险的，参加当地工伤保险，其国内工伤保险关系中止；不能参加当地工伤保险的，其国内工伤保险关系不中止。

5. 在中国境内就业的外国人参加工伤保险

根据《在中国境内就业的外国人参加社会保险暂行办法》规定：

（1）在中国境内就业的外国人，是指依法获得《外国人就业证》《外国专家证》《外国常驻记者证》等就业证件和外国人居留证件，以及持有《外国人永久居留证》，在中国境内合法就业的非中国国籍的人员。

（2）在中国境内依法注册或者登记的企业、事业单位、社会团体、民办非企业单位、基金会、律师事务所、会计师事务所等组织（统称为用人单位）依法招用的外国人，应当依法参加职工基本养老保险、职工基本医疗保险、工伤保险、失业保险和生育保险，由用人单位和本人按照规定缴纳社会保险费。

（3）与境外雇主订立雇用合同后，被派遣到在中国境内注册或者登记的分支机构、代表机构（统称为境内工作单位）工作的外国人，应当依法参加职工基本养老保险、职工基本医疗保险、工伤保险、失业保险和生育保险，由境内工作单位和本人按照规定缴纳社会保险费。

（4）用人单位招用外国人的，应当自办理就业证件之日起 30 日内为其办理社会保险登记。

受境外雇主派遣到境内工作单位工作的外国人，应当由境内工作单位按照上述规定为其办理社会保险登记。

依法办理外国人就业证件的机构，应当及时将外国人来华就业的相关信息通报当地社会保险经办机构。社会保险经办机构应当定期向相关机构查询外国人办理就业证件的情况。

6. 派遣用工参加工伤保险

根据《劳务派遣暂行规定》（人力资源和社会保障部令第22号）第八条规定，劳务派遣单位应当对被派遣劳动者履行下列义务：按照国家规定和劳务派遣协议约定，依法为被派遣劳动者缴纳社会保险费，并办理社会保险相关手续。

根据《人力资源社会保障部　财政部关于做好工伤保险费率调整工作　进一步加强基金管理的指导意见》（人社部发〔2015〕72号）第二条规定，准确确定用人单位适用的行业分类，对劳务派遣企业，可根据被派遣劳动者实际用工单位所在行业，或根据多数被派遣劳动者实际用工单位所在行业，确定其工伤风险类别。

根据《人力资源社会保障部关于执行〈工伤保险条例〉若干问题的意见（二）》第七条规定，劳务派遣单位跨地区派遣劳动者，应根据《劳务派遣暂行规定》参加工伤保险。建筑施工企业按项目参保的，应在施工项目所在地参加工伤保险。

7. 建筑业用工人员参加工伤保险

根据《关于进一步做好建筑业工伤保险工作的意见》规定：

（1）建筑施工企业应依法参加工伤保险。针对建筑行业的特点，建筑施工企业对相对固定的职工，应按用人单位参加工伤保险；对不能按用人单位参保的、建筑项目使用的建筑业职工特别是农民工，按项目参加工伤保险。房屋建筑和市政基础设施工程实行以建设项目为单位参加工伤保险的，可在各项社会保险中优先办理参加工伤保险手续。

（2）完善工伤保险费计缴方式。按用人单位参保的建筑施工企业应以工资总额为基数依法缴纳工伤保险费。以建设项目为单位参保的，可以按照项目工程总造价的一定比例计算缴纳工伤保险费。

（3）科学确定工伤保险费率。各地区人力资源和社会保障部门应参照本地区建筑企业行业基准费率，按照以支定收、收支平衡原则，商住房和城乡建设主管部门合理确定建设项目工伤保险缴费比例。要充分运用工伤保险浮动费率机制，根据各建筑企业工伤事故发生率、工伤保险基金使用等情况适时适当调整费率，促进企业加强安全生产，预防和减少工伤事故。

（4）确保工伤保险费用来源。建设单位要在工程概算中将工伤保险费用单独列支，作为不可竞争费，不参与竞标，并在项目开工前由施工总承包单位一次性代缴本项目工伤保险费，覆盖项目使用的所有职工，包括专业承包单位、劳务分包单位使用的农民工。

8. 中央企业职工参加工伤保险

根据《关于进一步做好中央企业工伤保险工作有关问题的通知》（劳社部发〔2007〕36号）规定：

（1）中央企业要按照属地管理原则参加工伤保险，按照所在地统筹地区人民政府确定的行业工伤保险费率，参加所在统筹地区的工伤保险社会统筹，按时缴纳工伤保险费。跨地区、流动性大的中央企业，可以采取相对集中的方式异地参加统筹地区的工伤保险。

（2）中央企业要认真贯彻落实《国务院关于解决农民工问题的若干意见》（国发〔2006〕5号）精神，为包括农民工在内的全部职工办理工伤保险手续。对以劳务派遣等形式使用的农民工，也要采用有效办法保障其参加工伤保险权益。对于建筑施工等农民工集中、流动性较大行业的中央企业，要按照《关于进一步做好建筑业工伤保险工作的意见》等有关文件要求，制定符合行业特点的农民工参保办法，如以建筑施工项目为单位参保，实现施工项目使用的农民工全员参保，切实保障农民工工伤保险权益。

9. 农民工参加工伤保险

根据《关于农民工参加工伤保险有关问题的通知》的规定：

（1）凡是与用人单位建立劳动关系的农民工，用人单位必须及时为他们办理参加工伤保险的手续。对用人单位为农民工先行办理工伤保险的，各地经办机构应予办理。

（2）用人单位注册地与生产经营地不在同一统筹地区的，原则上在注册地参加工伤保险。未在注册地参加工伤保险的，在生产经营地参加工伤保险。

10. 部分行业企业工伤保险费缴纳

根据《部分行业企业工伤保险费缴纳办法》（人力资源和社会保障部令第10号）规定：

（1）部分行业企业是指建筑、服务、矿山等行业中难以直接按照工资总额计算缴纳工伤保险费的建筑施工企业、小型服务企业、小型矿山企业等。

以上所称小型服务企业、小型矿山企业的划分标准可以参照《关于印发中小企业划型标准规定的通知》（工信部联企业〔2011〕300号）执行。

（2）建筑施工企业可以实行以建筑施工项目为单位，按照项目工程总造价的一定比例，计算缴纳工伤保险费。

（3）商贸、餐饮、住宿、美容美发、洗浴以及文体娱乐等小型服务业企业以及有雇工的个体工商户，可以按照营业面积的大小核定应参保人数，按照所在统筹地区上一年度职工月平均工资的一定比例和相应的费率，计算缴纳工伤保险费；也可以按照营业额的一定比例计算缴纳工伤保险费。

（4）小型矿山企业可以按照总产量、吨矿工资含量和相应的费率计算缴纳工伤保险费。

（5）该办法中所列部分行业企业工伤保险费缴纳的具体计算办法，由省级社会保险行政部门根据本地区实际情况确定。

11. 社会保险费征缴的违法行为举报

根据《社会保险费征缴暂行条例》第二十一条规定，任何组织和个人对有关社会保险费征缴的违法行为，有权举报。社会保险行政部门或者税务机关对举报应当及时调查，按照规定处理，并为举报人保密。

12. 依法申请行政复议或行政诉讼

根据《工伤保险条例》第五十五条规定，用人单位对经办机构确定的单位缴费费率不服的，有关单位或者个人可以依法申请行政复议，也可以依法向人民法院提起行政诉讼。

根据《社会保险费征缴暂行条例》第二十五条规定，缴费单位和缴费个人对劳动保障行政部门或者税务机关的处罚决定不服的，可以依法申请复议；对复议决定不服的，可以依法提起诉讼。

13. 依法强制征缴

根据《社会保险费征缴暂行条例》第二十六条规定，缴费单位逾期拒不缴纳社会保险费、滞纳金的，由社会保险行政部门或者税务机关申请人民法院依法强制征缴。

第三章　工伤预防

一、工伤预防的目的

（1）根据《工伤保险条例》第一条规定，为了保障因工作遭受事故伤害或者患职业病的职工获得医疗救治和经济补偿，促进工伤预防和职业康复，分散用人单位的工伤风险，制定该条例。

（2）根据《工伤保险条例》第四条规定，用人单位和职工应当遵守有关安全生产和职业病防治的法律法规，执行安全卫生规程和标准，预防工伤事故发生，避免和减少职业病危害。

（3）根据《人力资源社会保障部　财政部　国家卫生计生委　国家安全监管总局关于印发工伤预防费使用管理暂行办法的通知》（人社部规〔2017〕13号，以下简称《工伤预防费使用管理暂行办法》）第一条规定，为更好地保障职工的生命安全和健康，促进用人单位做好工伤预防工作，降低工伤事故伤害和职业病的发生率，规范工伤预防费的使用和管理，根据《社会保险法》《工伤保险条例》及相关规定，制定该办法。

二、工伤预防费使用

1. 工伤预防费的定义

根据《工伤预防费使用管理暂行办法》第二条规定，该办法所称工伤预防费是指统筹地区工伤保险基金中依法用于开展工伤预防工作的费用。

2. 工伤预防费支出项目

根据《工伤预防费使用管理暂行办法》第四条规定，工伤预防费用于下列项目的支出：

（1）工伤事故和职业病预防宣传；

（2）工伤事故和职业病预防培训。

3. 工伤预防费的使用比例

（1）根据《工伤保险条例》第十二条规定，工伤预防费用的提取比例、使用和管理的具体办法，由国务院社会保险行政部门会同国务院财政、卫生行政、安全生产监督管理等部门规定。

（2）根据《工伤预防费使用管理暂行办法》第五条规定，在保证工伤保险待遇支付能力和储备金留存的前提下，工伤预防费的使用原则上不得超过统筹地区上年度工伤保险基金征缴收入的3%。因工伤预防工作需要，经省级人力资源和社会保障部门和财政部门同意，可以适当提高工伤预防费的使用比例。

4. 工伤预防费用预算管理

（1）根据《工伤预防费使用管理暂行办法》第六条规定，工伤预防费使用实行预算管理。统筹地区社会保险经办机构按照上年度预算执行情况，根据工伤预防工作需要，将工伤预防费列入下一年度工伤保险基金支出预算。具体预算编制按照预算法和社会保险基金预算有关规定执行。

（2）根据《工伤预防费使用管理暂行办法》第七条规定，统筹地区人力资源和社会保障部门应会同财政、卫生健康、应急管理（安全监管）部门以及本辖区内负有安全生产监督管理职责的部门，根据工伤事故伤害、职业病高发的行业、企业、工种、岗位等情况，统筹确定工伤预防的重点领域，并通过适当方式告知社会。

5. 工伤预防项目申报

（1）根据《工伤预防费使用管理暂行办法》第八条规定，统筹地区行业协会和大中型企业等社会组织根据本地区确定的工伤预防重点领域，于每年工伤保险基金预算编制前提出下一年拟开展的工伤预防项目，编制项目实施方案和绩效目标，向统筹地区的人力资源和社会保障行政部门申报。

（2）根据《工伤预防费使用管理暂行办法》第九条规定，统筹地区人力资源和社会保障部门会同财政、卫生健康、应急管理（安全监管）等部门，根据项目申报情况，结合本地区工伤预防重点领域和工伤保险等工作重点，以及下一年工伤预防费预算编制情况，统筹考虑工伤预防项目的轻重缓急，于每年10月底前确定纳入下一年度的工伤预防项目并向社会公开。

列入计划的工伤预防项目实施周期最长不超过2年。

6. 工伤预防项目的实施

根据《工伤预防费使用管理暂行办法》第十条规定，纳入年度计划的工伤预防实施项目，原则上由提出项目的行业协会和大中型企业等社会组织负责组织实施。

行业协会和大中型企业等社会组织根据项目实际情况，可直接实施或委托第三方机构实施。直接实施的，应当与社会保险经办机构签订服务协议。委托第三方机构实施的，应当参照政府采购法和招投标法规定的程序，选择具备相应条件的社会、经济组织以及医疗卫生机构提供工伤预防服务，并与其签订服务合同，明确双方的权利义务。服务协议、服务合同应报统筹地区人力资源和社会保障部门备案。

面向社会和中小微企业的工伤预防项目，可由人力资源和社会保障、卫生健康、应急管理（安全监管）部门参照政府采购法等相关规定，从具备相应条件的社会、经济组织以及医疗卫生机构中选择提供工伤预防服务的机构，推动组织项目实施。

参照政府采购法实施的工伤预防项目，其费用低于采购限额标准的，可协议确定服务机构。具体办法由人力资源和社会保障部门会同有关部门确定。

三、工伤预防权益维护

1. 提供工伤预防服务机构的基本条件

根据《工伤预防费使用管理暂行办法》第十一条规定，提供工伤预防服务的机构应遵守《社会保险法》《工伤保险条例》以及相关法律法规的规定，并具备以下基本条件：

（1）具备相应条件，且从事相关宣传、培训业务 2 年以上并具有良好市场信誉；

（2）具备相应的实施工伤预防项目的专业人员；

（3）有相应的硬件设施和技术手段；

（4）依法应具备的其他条件。

2. 工伤预防企业规模划分标准

企业规模的划分标准按照《中小企业划型标准规定》执行。

3. 违反工伤预防规定的处理

根据《工伤预防费使用管理暂行办法》第十四条规定，工伤预防费按该办法规定使用，违反该办法规定使用的，对相关责任人参照《社会保险法》《工伤保险条例》等法律法规的规定处理。

根据《工伤预防费使用管理暂行办法》第十五条规定，工伤预防服务机构提供的服务不符合法律和合同规定、服务质量不高的，3 年内不得从事工伤预防项目。

工伤预防服务机构存在欺诈、骗取工伤保险基金行为的，按照有关法律法规进行处理。

第四章　工伤认定

一、工伤认定概述

1. 工伤认定的概念

工伤认定是指社会保险行政部门根据工伤保险法律法规及相关政策的规定，确定职工受到的伤害，按照规定是否属于应当认定为工伤或视同工伤的情形。

2. 认定工伤的情形

根据《工伤保险条例》第十四条规定，职工有下列情形之一的，应当认定为工伤：

（1）在工作时间和工作场所内，因工作原因受到事故伤害的；

（2）工作时间前后在工作场所内，从事与工作有关的预备性或者收尾性工作受到事故伤害的；

（3）在工作时间和工作场所内，因履行工作职责受到暴力等意外伤害的；

（4）患职业病的；

（5）因工外出期间，由于工作原因受到伤害或者发生事故下落不明的；

（6）在上下班途中，受到非本人主要责任的交通事故或者城市轨道交通、客运轮渡、火车事故伤害的；

（7）法律、行政法规规定应当认定为工伤的其他情形。

3. 视同工伤的情形

根据《工伤保险条例》第十五条规定，职工有下列情形之一的，视同工伤：

（1）在工作时间和工作岗位，突发疾病死亡或者在48小时之内经抢救无效死亡的；

（2）在抢险救灾等维护国家利益、公共利益活动中受到伤害的；

（3）职工原在军队服役，因战、因公负伤致残，已取得革命伤残军人证，到用人单位后旧伤复发的。

4. 不得认定为工伤或者视同工伤的情形

根据《工伤保险条例》第十六条规定，职工符合该条例第十四条、第十五条的规定，但是有下列情形之一的，不得认定为工伤或者视同工伤：

（1）故意犯罪的；

（2）醉酒或者吸毒的；

（3）自残或者自杀的。

5. 工伤认定申请人

（1）根据《工伤保险条例》第十七条、《工伤认定办法》第五条规定，用人单位、工伤职工或者其近亲属、工会组织均可提出工伤认定申请。

（2）根据《关于实施〈工伤保险条例〉若干问题的意见》第

四条规定，《工伤保险条例》第十七条第二款规定的有权申请工伤认定的“工会组织”包括职工所在用人单位的工会组织以及符合《中华人民共和国工会法》规定的各级工会组织。

6. 工伤认定申请时限

（1）根据《工伤保险条例》第十七条规定，职工发生事故伤害或者按照职业病防治法规定被诊断、鉴定为职业病，所在单位应当自事故伤害发生之日或者被诊断、鉴定为职业病之日起30日内，向统筹地区社会保险行政部门提出工伤认定申请。遇有特殊情况，经报社会保险行政部门同意，申请时限可以适当延长。

（2）根据《工伤保险条例》第十七条规定，用人单位未按前款规定提出工伤认定申请的，工伤职工或者其近亲属、工会组织在事故伤害发生之日或者被诊断、鉴定为职业病之日起1年内，可以直接向用人单位所在地统筹地区社会保险行政部门提出工伤认定申请。

（3）根据《人力资源社会保障部关于执行〈工伤保险条例〉若干问题的意见》（人社部发〔2013〕34号）第六条规定，符合《工伤保险条例》第十五条第（一）项情形的，职工所在用人单位原则上应自职工死亡之日起5个工作日内向用人单位所在统筹地区社会保险行政部门报告。

7. 提出工伤认定申请应当提交的材料

（1）根据《工伤保险条例》第十八条规定，提出工伤认定申请应当提交下列材料：

1）工伤认定申请表；

2）与用人单位存在劳动关系（包括事实劳动关系）的证明材料；

3）医疗诊断证明或者职业病诊断证明书（或者职业病诊断鉴定书）。工伤认定申请表应当包括事故发生的时间、地点、原因以及职工伤害程度等基本情况。

（2）根据《工伤认定办法》附件《工伤认定申请表》填报说明第六条规定，申请人提出工伤认定申请时，应当提交：

1）受伤害职工的居民身份证；

2）医疗机构出具的职工受伤害时初诊诊断证明书，或者依法承担职业病诊断的医疗机构出具的职业病诊断证明书（或者职业病诊断鉴定书）；

3）职工受伤害或者诊断患职业病时与用人单位之间的劳动、聘用合同或者其他存在劳动、人事关系的证明。

（3）根据《工伤认定办法》附件《工伤认定申请表》填报说明第六条规定，有下列情形之一的，还应当分别提交相应证据：

1）职工死亡的，提交死亡证明；

2）在工作时间和工作场所内，因履行工作职责受到暴力等意外伤害的，提交公安部门的证明或者其他相关证明；

3）因工外出期间，由于工作原因受到伤害或者发生事故下落不明的，提交公安部门的证明或者相关部门的证明；

4）上下班途中，受到非本人主要责任的交通事故或者城市轨道交通、客运轮渡、火车事故伤害的，提交公安机关交通管理部门或者其他相关部门的证明；

5）在工作时间和工作岗位，突发疾病死亡或者在48小时之内经抢救无效死亡的，提交医疗机构的抢救证明；

6）在抢险救灾等维护国家利益、公共利益活动中受到伤害的，提交民政部门或者其他相关部门的证明；

7）属于因战、因公负伤致残的转业、复员军人，旧伤复发的，提交《革命伤残军人证》及劳动能力鉴定机构对旧伤复发的确认。

8. 工伤认定责任单位

根据《最高人民法院关于审理工伤保险行政案件若干问题的规定》（法释〔2014〕9号）第三条规定，社会保险行政部门认定下列单位为承担工伤保险责任单位的，人民法院应予支持：

（1）职工与两个或两个以上单位建立劳动关系，工伤事故发生时，职工为之工作的单位为承担工伤保险责任的单位；

（2）劳务派遣单位派遣的职工在用工单位工作期间因工伤亡的，派遣单位为承担工伤保险责任的单位；

（3）单位指派到其他单位工作的职工因工伤亡的，指派单位为承担工伤保险责任的单位；

（4）用工单位违反法律法规规定将承包业务转包给不具备用工主体资格的组织或者自然人，该组织或者自然人聘用的职工从事承包业务时因工伤亡的，用工单位为承担工伤保险责任的单位；

（5）个人挂靠其他单位对外经营，其聘用的人员因工伤亡的，被挂靠单位为承担工伤保险责任的单位。

9. 工伤认定申请的受理机构

（1）根据《工伤保险条例》第十七条规定，职工发生事故伤害或者按照职业病防治法被诊断、鉴定为职业病，所在单位应当自事故伤害发生之日或者被诊断、鉴定为职业病之日起30日内，向统筹地区社会保险行政部门提出工伤认定申请。

（2）根据《工伤保险条例》第十七条规定，按照本条第一款规定应当由省级社会保险行政部门进行工伤认定的事项，根据属地原则由用人单位所在地的设区的市级社会保险行政部门办理。

10. 工伤认定申请受理审核

（1）根据《工伤保险条例》第十八条规定，工伤认定申请人提供材料不完整的，社会保险行政部门应当一次性书面告知工伤认定申请人需要补正的全部材料。申请人按照书面告知要求补正材料后，社会保险行政部门应当受理。

（2）根据《工伤认定办法》第八条规定，社会保险行政部门收到工伤认定申请后，应当在15日内对申请人提交的材料进行审核，材料完整的，作出受理或者不予受理的决定；材料不完整的，应当以书面形式一次性告知申请人需要补正的全部材料。社会保险行政部门收到申请人提交的全部补正材料后，应当在15日内作出受理或者不予受理的决定。社会保险行政部门决定受理的，应当出具《工伤认定申请受理决定书》；决定不予受理的，应当出具《工伤认定申请不予受理决定书》。

11. 工伤认定调查核实

（1）根据《工伤保险条例》第十九条规定，社会保险行政部门受理工伤认定申请后，根据审核需要可以对事故伤害进行调查核实，用人单位、职工、工会组织、医疗机构以及有关部门应当予以协助。职业病诊断和诊断争议的鉴定，依照职业病防治法的有关规定执行。对依法取得职业病诊断证明书或者职业病诊断鉴定书的，社会保险行政部门不再进行调查核实。

（2）根据《工伤认定办法》第十条规定，社会保险行政部门进行调查核实，应当由两名以上工作人员共同进行，并出示执行公务的证件。

（3）根据《工伤认定办法》第十一条规定，社会保险行政部门工作人员在工伤认定中，可以进行以下调查核实工作：

1）根据工作需要，进入有关单位和事故现场；

2）依法查阅与工伤认定有关的资料，询问有关人员并作出调查笔录；

3）记录、录音、录像和复制与工伤认定有关的资料。调查核实工作的证据收集参照行政诉讼证据收集的有关规定执行。

（4）根据《工伤认定办法》第十二条规定，社会保险行政部门工作人员进行调查核实时，有关单位和个人应当予以协助。用人单位、工会组织、医疗机构以及有关部门应当负责安排相关人员配合工作，据实提供情况和证明材料。

（5）根据《工伤认定办法》第十三条规定，社会保险行政部门在进行工伤认定时，对申请人提供的符合国家有关规定的职业病诊断证明书或者职业病诊断鉴定书，不再进行调查核实。职业病诊断证明书或者职业病诊断鉴定书不符合国家规定的要求和格式的，社会保险行政部门可以要求出具证据部门重新提供。

（6）根据《工伤认定办法》第十四条规定，社会保险行政部门受理工伤认定申请后，可以根据工作需要，委托其他统筹地区的社会保险行政部门或者相关部门进行调查核实。

12. 工伤认定举证责任

根据《工伤认定办法》第十七条规定，职工或者其近亲属认为是工伤，用人单位不认为是工伤的，由该用人单位承担举证责任。用人单位拒不举证的，社会保险行政部门可以根据受伤害职工提供的证据或者调查取得的证据，依法作出工伤认定决定。

13. 工伤认定中止

（1）根据《工伤保险条例》第二十条规定，作出工伤认定决定需要以司法机关或者有关行政主管部门的结论为依据的，在司法机关或者有关行政主管部门尚未作出结论期间，作出工伤认定决定的时限中止。

（2）根据《人力资源社会保障部关于执行〈工伤保险条例〉若干问题的意见》第五条规定，社会保险行政部门受理工伤认定申请后，发现劳动关系存在争议且无法确认的，应告知当事人可以向劳动人事争议仲裁委员会申请仲裁。在此期间，作出工伤认定决定的时限中止，并书面通知申请工伤认定的当事人。劳动关系依法确认后，当事人应将有关法律文书送交受理工伤认定申请的社会保险行政部门，该部门自收到生效法律文书之日起恢复工伤认定程序。

14. 工伤认定结论作出时限

根据《工伤保险条例》第二十条规定，社会保险行政部门应当自受理工伤认定申请之日起60日内作出工伤认定的决定，并书面通知申请工伤认定的职工或者其近亲属和该职工所在单位。

社会保险行政部门对受理的事实清楚、权利义务明确的工伤认定申请，应当在15日内作出工伤认定的决定。

15. 工伤认定结论送达

根据《工伤认定办法》第二十二条规定，社会保险行政部门应当自工伤认定决定作出之日起20日内，将《认定工伤决定书》或者《不予认定工伤决定书》送达受伤害职工（或者其近亲属）和用人单位，并抄送社会保险经办机构。

《认定工伤决定书》和《不予认定工伤决定书》的送达参照民事法律有关送达的规定执行。

二、工伤认定具体原则

1. 在工作时间和工作场所内，因工作原因受到事故伤害的认定

（1）根据《人力资源社会保障部关于执行〈工伤保险条例〉若干问题的意见（二）》第四条规定，职工在参加用人单位组织或者受用人单位指派参加其他单位组织的活动中受到事故伤害的，应当视为工作原因，但参加与工作无关的活动除外。

（2）根据《最高人民法院关于审理工伤保险行政案件若干问题的规定》第四条，社会保险行政部门认定下列情形为工伤的，人民法院应予支持：

1）职工参加用人单位组织或者受用人单位指派参加其他单位组织的活动受到伤害的；

2）在工作时间内，职工来往于多个与其工作职责相关的工作场所之间的合理区域因工受到伤害的；

3）其他与履行工作职责相关，在工作时间及合理区域内受到伤害的。

（3）根据《企业职工伤亡事故分类标准》（GB 6441—1986）规定，事故包括 20 个类别：

1）物体打击；

2）车辆伤害；

3）机械伤害；

4）起重伤害；

5）触电；

6）淹溺；

7）灼烫；

8）火灾；

9）高处坠落；

10）坍塌；

11）冒顶片帮；

12）透水；

13）放炮；

14）火药爆炸；

15）瓦斯爆炸；

16）锅炉爆炸；

17）容器爆炸；

18）其他爆炸；

19）中毒和窒息；

20）其他伤害。

2. 在工作时间和工作场所内，因履行工作职责受到暴力等意外伤害的认定

根据劳动和社会保障部办公厅《关于对〈工伤保险条例〉有关条款释义的函》（劳社厅函〔2006〕497号），其中“因履行工作职责受到暴力等意外伤害”中的因履行工作职责受到暴力伤害是指受到的暴力伤害与履行工作职责有因果关系。

3. 因工外出期间，由于工作原因受到伤害或者发生事故下落不明的认定

（1）根据《人力资源社会保障部关于执行〈工伤保险条例〉若干问题的意见》第八条规定，《工伤保险条例》第十四条第（五）项规定的“因工外出期间”的认定，应当考虑职工外出是否属于用人单位指派的因工作外出，遭受的事故伤害是否因工作

原因所致。

（2）根据《人力资源社会保障部关于执行〈工伤保险条例〉若干问题的意见（二）》第五条规定，职工因工作原因驻外，有固定的住所、有明确的作息时间，工伤认定时按照在驻在地当地正常工作的情形处理。

（3）根据《最高人民法院关于审理工伤保险行政案件若干问题的规定》第五条规定，社会保险行政部门认定下列情形为“因工外出期间”的，人民法院应予支持：

1）职工受用人单位指派或者因工作需要在工作场所以外从事与工作职责有关的活动期间；

2）职工受用人单位指派外出学习或者开会期间；

3）职工因工作需要的其他外出活动期间。职工因工外出期间从事与工作或者受用人单位指派外出学习、开会无关的个人活动受到伤害，社会保险行政部门不认定为工伤的，人民法院应予支持。

（4）根据《最高人民法院关于职工因公外出期间死因不明应否认定工伤的答复》（〔2010〕行他字第236号），职工因公外出期间死因不明，用人单位或者社会保障部门提供的证据不能排除非工作原因导致死亡的，应当依据《工伤保险条例》第十四条第（五）项和第十九条第二款的规定，认定为工伤。

4. 在上下班途中，受到非本人主要责任的交通事故或者城市轨道交通、客运轮渡、火车事故伤害的认定

（1）根据《关于实施〈工伤保险条例〉若干问题的意见》第二条规定，《工伤保险条例》第十四条规定的“上下班途中，受到机动车事故伤害的，应当认定为工伤”，“上下班途中”既包括职工正常工作的上下班途中，也包括职工加班加点的上下班途

中，“受到机动车事故伤害的”既可以是职工驾驶或乘坐的机动车发生事故造成的，也可以是职工因其他机动车事故造成的。

（2）根据《人力资源和社会保障部办公厅关于工伤保险有关规定处理意见的函》（人社厅函〔2011〕339号），《工伤保险条例》第十四条的第（六）种情形包括：

1）“上下班途中”是指合理的上下班时间和合理的上下班路途。

2）“非本人主要责任”事故包括非本人主要责任的交通事故和非本人主要责任的城市轨道交通、客运轮渡和火车事故。其中，“交通事故”是指《中华人民共和国道路交通安全法》第一百一十九条规定的车辆在道路上因过错或者意外造成的人身伤亡或者财产损失事件。“车辆”是指机动车和非机动车；“道路”是指公路、城市道路和虽在单位管辖范围但允许社会机动车通行的地方，包括广场、公共停车场等用于公众通行的场所。

3）“非本人主要责任”事故认定应以公安机关交通管理、交通运输、铁道等部门或司法机关，以及法律、行政法规授权组织出具的相关法律文书为依据。

（3）根据《人力资源社会保障部关于执行〈工伤保险条例〉若干问题的意见》第二条规定，《工伤保险条例》第十四条第（六）项规定的“非本人主要责任”的认定，应当以有关机关出具的法律文书或者人民法院的生效裁决为依据。

（4）根据《人力资源社会保障部关于执行〈工伤保险条例〉若干问题的意见（二）》第六条规定，职工以上下班为目的、在合理时间内往返于工作单位和居住地之间的合理路线，视为上下班途中。

（5）根据《最高人民法院关于审理工伤保险行政案件若干

问题的规定》第六条规定，对社会保险行政部门认定下列情形为“上下班途中”的，人民法院应予支持：

1）在合理时间内往返于工作地与住所地、经常居住地、单位宿舍的合理路线的上下班途中；

2）在合理时间内往返于工作地与配偶、父母、子女居住地的合理路线的上下班途中；

3）从事属于日常工作生活所需要的活动，且在合理时间和合理路线的上下班途中；

4）在合理时间内其他合理路线的上下班途中。

（6）根据《最高人民法院关于审理工伤保险行政案件若干问题的规定》第一条规定，人民法院审理工伤认定行政案件，在认定是否存在《工伤保险条例》第十四条第（六）项“本人主要责任”，应当以有权机构出具的事故责任认定书、结论性意见和人民法院生效裁判等法律文书为依据，但有相反证据足以推翻事故责任认定书和结论性意见的除外。前述法律文书不存在或者内容不明确，社会保险行政部门就前款事实作出认定的，人民法院应当结合其提供的相关证据依法进行审查。

5. 在工作时间和工作岗位，突发疾病死亡或者在 48 小时之内经抢救无效死亡的认定

根据《关于实施〈工伤保险条例〉若干问题的意见》第三条规定，《工伤保险条例》第十五条规定“职工在工作时间和工作岗位，突发疾病死亡或者在 48 小时之内经抢救无效死亡的，视同工伤”。这里“突发疾病”包括各类疾病。“48 小时”的起算时间，以医疗机构的初次诊断时间作为突发疾病的起算时间。

6. 职工原在军队服役，因战、因公负伤致残，已取得革命伤残军人证，到用人单位后旧伤复发的认定

根据《工伤认定办法》填表说明第六条规定，属于因战、因公负伤致残的转业、复员军人，旧伤复发的，提交《革命伤残军人证》及劳动能力鉴定机构对旧伤复发的确认。

7. 故意犯罪的认定

（1）根据《人力资源社会保障部关于执行〈工伤保险条例〉若干问题的意见》第三条规定，《工伤保险条例》第十六条第（一）项“故意犯罪”的认定，应当以司法机关的生效法律文书或者结论性意见为依据。

（2）根据《最高人民法院关于审理工伤保险行政案件若干问题的规定》第一条规定，人民法院审理工伤认定行政案件，在认定是否存在第十六条第（二）项“醉酒或者吸毒”应当以有权机构出具的事故责任认定书、结论性意见和人民法院生效裁判等法律文书为依据，但有相反证据足以推翻事故责任认定书和结论性意见的除外。前述法律文书不存在或者内容不明确，社会保险行政部门就前款事实作出认定的，人民法院应当结合其提供的相关证据依法进行审查。

8. 醉酒或者吸毒的认定

（1）根据《实施〈中华人民共和国社会保险法〉若干规定》（人力资源和社会保障部令第 13 号）第十条规定，《社会保险法》第三十七条第二项中的醉酒标准，按照《车辆驾驶人员血液、呼气酒精含量阈值与检验》（GB 19522—2010）执行。公安机关交通管理部门、医疗机构等有关单位依法出具的检测结论、诊断证

明等材料，可以作为认定醉酒的依据。

（2）根据《人力资源社会保障部关于执行〈工伤保险条例〉若干问题的意见》第四条规定，《工伤保险条例》第十六条第（二）项“醉酒或者吸毒”的认定，应当以有关机关出具的法律文书或者人民法院的生效裁决为依据。无法获得上述证据的，可以结合相关证据认定。

（3）根据《最高人民法院关于审理工伤保险行政案件若干问题的规定》第一条规定，人民法院审理工伤认定行政案件，在认定是否存在《工伤保险条例》第十六条第（二）项“醉酒或者吸毒”等情形时，应当以有权机构出具的事故责任认定书、结论性意见和人民法院生效裁判等法律文书为依据，但有相反证据足以推翻事故责任认定书和结论性意见的除外。

前述法律文书不存在或者内容不明确，社会保险行政部门就前款事实作出认定的，人民法院应当结合其提供的相关证据依法进行审查。

9. 自残或者自杀的认定

根据《最高人民法院关于审理工伤保险行政案件若干问题的规定》第一条规定，人民法院审理工伤认定行政案件，在认定是否存在第十六条第（三）项“自残或者自杀”时，应当以有权机构出具的事故责任认定书、结论性意见和人民法院生效裁判等法律文书为依据，但有相反证据足以推翻事故责任认定书和结论性意见的除外。

前述法律文书不存在或者内容不明确，社会保险行政部门就前款事实作出认定的，人民法院应当结合其提供的相关证据依法进行审查。

10. 职工参加单位组织的体育活动受到伤害的认定

（1）根据《国务院法制办公室对〈关于职工参加单位组织的体育活动受到伤害能否认定为工伤的请示〉的复函》（国法秘函〔2005〕311号），作为用人单位的工作安排，职工参加体育训练活动而受到伤害的，应当依照《工伤保险条例》第十四条第（一）项中关于“因工作原因受到事故伤害的”的规定，认定为工伤。

（2）根据《最高人民法院关于审理工伤保险行政案件若干问题的规定》第四条规定，社会保险行政部门认定“职工参加用人单位组织或者受用人单位指派参加其他单位组织的活动受到伤害的”为工伤的，人民法院应予支持。

（3）根据《人力资源社会保障部关于执行〈工伤保险条例〉若干问题的意见（二）》第四条规定，职工在参加用人单位组织或者受用人单位指派参加其他单位组织的活动中受到事故伤害的，应当视为工作原因，但参加与工作无关的活动除外。

11. 退休后诊断或鉴定为职业病人员工伤认定

根据《人力资源社会保障部关于执行〈工伤保险条例〉若干问题的意见》第八条规定，曾经从事接触职业病危害作业、当时没有发现罹患职业病、离开工作岗位后被诊断或鉴定为职业病的符合下列条件的人员，可以自诊断、鉴定为职业病之日起一年内申请工伤认定，社会保险行政部门应当受理：

（1）办理退休手续后，未再从事接触职业病危害作业的退休人员；

（2）劳动或聘用合同期满后或者本人提出而解除劳动或聘用合同后，未再从事接触职业病危害作业的人员。

12. 达到或超过法定退休年龄的工伤认定

（1）根据《人力资源社会保障部关于执行〈工伤保险条例〉若干问题的意见（二）》第二条规定，达到或超过法定退休年龄，但未办理退休手续或者未依法享受城镇职工基本养老保险待遇，继续在原用人单位工作期间受到事故伤害或患职业病的，用人单位依法承担工伤保险责任。

（2）用人单位招用已经达到、超过法定退休年龄或已经领取城镇职工基本养老保险待遇的人员，在用工期间因工作原因受到事故伤害或患职业病的，如招用单位已按项目参保等方式为其缴纳工伤保险费的，应适用《工伤保险条例》。

13. 农民工受到事故伤害或患职业病后的工伤认定问题

根据《关于农民工参加工伤保险有关问题的通知》第三条规定，农民工受到事故伤害或患职业病后，在参保地进行工伤认定、劳动能力鉴定，并按参保地的规定依法享受工伤保险待遇。用人单位在注册地和生产经营地均未参加工伤保险的，农民工受到事故伤害或者患职业病后，在生产经营地进行工伤认定、劳动能力鉴定，并按生产经营地的规定依法由用人单位支付工伤保险待遇。

14. 承包经营的工伤认定处理

根据《工伤保险条例》第四十三条规定，用人单位实行承包经营的，工伤保险责任由职工劳动关系所在单位承担。

15. 转包分包的工伤认定问题

根据《人力资源社会保障部关于执行〈工伤保险条例〉若干

问题的意见》第七条规定，具备用工主体资格的承包单位违反法律法规规定，将承包业务转包、分包给不具备用工主体资格的组织或者自然人，该组织或者自然人招用的劳动者从事承包业务时因工伤亡的，由该具备用工主体资格的承包单位承担用人单位依法应承担的工伤保险责任。

16. 用人单位分立、合并、转让的工伤认定

根据《工伤保险条例》第四十三条规定，用人单位分立、合并、转让的，承继单位应当承担原用人单位的工伤保险责任；原用人单位已经参加工伤保险的，承继单位应当到当地经办机构办理工伤保险变更登记。

17. 借调期间发生工伤的处理

根据《工伤保险条例》第四十三条规定，职工被借调期间受到工伤事故伤害的，由原用人单位承担工伤保险责任，但原用人单位与借调单位可以约定补偿办法。

18. 涉及第三人的工伤认定申请受理问题

根据《最高人民法院关于审理工伤保险行政案件若干问题的规定》第八条规定，职工因第三人的原因受到伤害，社会保险行政部门以职工或者其近亲属已经对第三人提起民事诉讼或者获得民事赔偿为由，作出不予受理工伤认定申请或者不予认定工伤决定的，人民法院不予支持。

19. 职工在两个或两个以上用人单位同时就业的认定问题

（1）根据《实施〈中华人民共和国社会保险法〉若干规定》第九条规定，职工（包括非全日制从业人员）在两个或者两个以上

上用人单位同时就业的，各用人单位应当分别为职工缴纳工伤保险费。职工发生工伤，由职工受到伤害时工作的单位依法承担工伤保险责任。

（2）根据《关于实施〈工伤保险条例〉若干问题的意见》第一条规定，职工在两个或两个以上用人单位同时就业的，各用人单位应当分别为职工缴纳工伤保险费。职工发生工伤，由职工受到伤害时其工作的单位依法承担工伤保险责任。

20. 用人单位注册地与生产经营地不在同一统筹地区的工伤认定问题

根据《人力资源社会保障部关于执行〈工伤保险条例〉若干问题的意见（二）》第七条规定，用人单位注册地与生产经营地不在同一统筹地区的，职工受到事故伤害或者患职业病后，在参保地进行工伤认定、劳动能力鉴定，并按照参保地的规定依法享受工伤保险待遇；未参加工伤保险的职工，应当在生产经营地进行工伤认定、劳动能力鉴定，并按照生产经营地的规定依法由用人单位支付工伤保险待遇。

三、工伤认定权益维护

1. 非用人单位提出工伤认定申请，职工所在单位是否同意的程序问题

根据《关于实施〈工伤保险条例〉若干问题的意见》第五条规定，用人单位未按规定为职工提出工伤认定申请，受到事故伤害或者患职业病的职工或者其直系亲属、工会组织提出工伤认定申请，职工所在单位是否同意（签字、盖章），不是必经程序。

2. 工伤认定申请时限延误的计算问题

（1）根据《人力资源社会保障部关于执行〈工伤保险条例〉若干问题的意见（二）》第八条规定，有下列情形之一的，被延误的时间不计算在工伤认定申请时限内：

1）受不可抗力影响的；

2）职工由于被国家机关依法采取强制措施等人身自由受到限制不能申请工伤认定的；

3）申请人正式提交了工伤认定申请，但因社会保险机构未登记或者材料遗失等原因造成申请超时限的；

4）当事人就确认劳动关系申请劳动仲裁或提起民事诉讼的；

5）其他符合法律法规规定的情形。

（2）根据《最高人民法院关于审理工伤保险行政案件若干问题的规定》第七条规定，由于不属于职工或者其近亲属自身原因超过工伤认定申请期限的，被耽误的时间不计算在工伤认定申请期限内。

有下列情形之一耽误申请时间的，应当认定为不属于职工或者其近亲属自身原因：

1）不可抗力；

2）人身自由受到限制；

3）属于用人单位原因；

4）社会保险行政部门登记制度不完善；

5）当事人对是否存在劳动关系申请仲裁、提起民事诉讼。

3. 因工伤认定申请人或者用人单位隐瞒有关情况或者提供虚假材料导致工伤认定决定错误的问题

根据《人力资源社会保障部关于执行〈工伤保险条例〉若干

问题的意见（二）》第十条规定，因工伤认定申请人或者用人单位隐瞒有关情况或者提供虚假材料，导致工伤认定决定错误的，社会保险行政部门发现后，应当及时予以更正。

4.《工伤保险条例》施行前已受到事故伤害或者患职业病的职工尚未完成工伤认定的问题

根据《人力资源社会保障部关于执行〈工伤保险条例〉若干问题的意见（二）》第九条规定，《工伤保险条例》第六十七条规定的“尚未完成工伤认定的”，是指在《工伤保险条例》施行前遭受事故伤害或被诊断鉴定为职业病，且在工伤认定申请法定时限内（从《工伤保险条例》施行之日起算）提出工伤认定申请，尚未做出工伤认定的情形。

根据《工伤保险条例》第六十七条规定，该条例施行前已受到事故伤害或者患职业病的职工尚未完成工伤认定的，按照该条例的规定执行。

5. 工伤认定结论不服的救济途径

（1）根据《工伤保险条例》第五十五条规定，申请工伤认定的职工或者其近亲属、该职工所在单位对工伤认定申请不予受理的决定不服的，有关单位或者个人可以依法申请行政复议，也可以依法向人民法院提起行政诉讼。

（2）根据《工伤保险条例》第五十五条规定，申请工伤认定的职工或者其近亲属、该职工所在单位对工伤认定结论不服的，有关单位或者个人可以依法申请行政复议，也可以依法向人民法院提起行政诉讼。

（3）根据《工伤认定办法》第二十三条规定，职工或者其近亲属、用人单位对不予受理决定不服或者对工伤认定决定不服的，可以依法申请行政复议或者提起行政诉讼。

6. 工伤认定档案资料保存时限规定

根据《工伤认定办法》第二十四条规定，工伤认定结束后，社会保险行政部门应当将工伤认定的有关资料保存 50 年。

7. 用人单位拒不协助社会保险行政部门对事故伤害进行调查核实的处罚

根据《工伤认定办法》第二十五条规定，用人单位拒不协助社会保险行政部门对事故伤害进行调查核实的，由社会保险行政部门责令改正，处 2 000 元以上 2 万元以下的罚款。

8. 社会保险行政部门工作人员与工伤认定申请人有利害关系的回避问题

根据《工伤保险条例》第二十条、《工伤认定办法》第十六条规定，社会保险行政部门工作人员与工伤认定申请人有利害关系的，应当回避。

第五章　工伤医疗

一、工伤医疗概述

1. 工伤职工就诊医院选择

（1）根据《工伤保险条例》第三十条规定，职工治疗工伤应当在签订服务协议的医疗机构就医，情况紧急时可以先到就近的医疗机构急救。

（2）根据《工伤保险经办规程》第四十一条规定，职工在统筹地区以外发生工伤的，应优先选择事故发生地工伤保险协议机构治疗，用人单位要及时向业务部门报告工伤职工的伤情及救治医疗机构情况，并待伤情稳定后转回统筹地区工伤保险协议机构继续治疗。

2. 工伤职工异地就医

根据《工伤保险经办规程》第四十二条规定，居住在统筹地区以外的工伤职工，经统筹地区劳动能力鉴定委员会鉴定或者经统筹地区社会保险行政部门委托居住地劳动能力鉴定委员会鉴定需要继续治疗的，工伤职工本人应在居住地选择一所县级以上工伤保险协议机构或同级医疗机构进行治疗，填报《工伤职工异地居住就医申请表》，并经过业务部门批准。

3. 工伤医疗报销范围管理

（1）根据《工伤保险经办规程》第四十三条规定，工伤职工因工伤进行门（急）诊或住院诊疗时，工伤保险协议机构应严格遵守工伤保险诊疗项目目录、工伤保险药品目录、工伤保险住院服务标准（以下简称“三目录”）。

（2）根据《工伤保险条例》第三十条规定，治疗工伤所需费用符合“三目录”的，从工伤保险基金支付。工伤保险“三目录”由国务院社会保险行政部门会同国务院卫生行政部门、食品药品监督管理部门等部门规定。

4. 工伤复发医疗治疗

根据《工伤保险经办规程》第四十四条规定，工伤职工因旧伤复发需要治疗的，填写《工伤职工旧伤复发治疗申请表》，由就诊的工伤保险协议机构提出工伤复发的诊断意见，经业务部门核准后到工伤保险协议机构就医。

5. 工伤职工到统筹地区以外就医管理

根据《工伤保险经办规程》第四十五条规定，工伤职工因伤情需要到统筹地区以外就医的，由经办机构指定的工伤保险协议机构提出意见，填写《工伤职工转诊转院申请表》，报业务部门批准。

根据《工伤保险条例》第三十条规定，职工住院治疗工伤的伙食补助费，以及经医疗机构出具证明，报经办机构同意，工伤职工到统筹地区以外就医所需的交通、食宿费用从工伤保险基金支付，基金支付的具体标准由统筹地区人民政府规定。

6. 职业病患者的急救措施

根据《职业病防治法》第三十七条规定，发生或者可能发生急性职业病危害事故时，用人单位应当立即采取应急救援和控制措施，并及时报告所在地安全生产监督管理（应急管理）部门和有关部门。安全生产监督管理（应急管理）部门接到报告后，应当及时会同有关部门组织调查处理；必要时，可以采取临时控制措施。卫生行政部门应当组织做好医疗救治工作。

二、工伤医疗业务管理

1. 工伤保险基金不予支付的医疗费用

（1）根据《工伤保险条例》第三十三条规定，工伤职工治疗非工伤引发的疾病，不享受工伤医疗待遇，按照基本医疗保险办法处理。

（2）根据《关于加强工伤保险医疗服务协议管理工作的通知》（劳社部发〔2007〕7号）第四条规定，对于工伤职工治疗非工伤疾病所发生的费用、符合出院条件拒不出院继续发生的费用，未经经办机构批准自行转入其他医疗机构治疗所发生的费用和其他违反工伤保险有关规定的费用，工伤保险基金不予支付。

2. 工伤医疗机构协议管理

根据《工伤保险经办规程》第三十八条规定，经办机构与符合条件的医疗机构签订服务协议。

在公开、公正、平等协商的基础上，经办机构与获得执业许可证的医疗机构签订工伤医疗服务协议。

工伤医疗服务协议应包括服务人群、服务范围、服务内容、服务质量、费用结算办法、费用审核与控制、违约责任、监督考核、争议处理、协议有效期限等内容。

工伤医疗服务协议在履行过程中如遇情况变化，需要变更、补充或终止的，双方应及时协商议定。

3. 工伤医疗机构业务管理

（1）根据《工伤保险经办规程》第三十九条规定，业务部门应与签订服务协议的医疗机构建立沟通机制，掌握工伤医疗情况，并进行工伤保险经办政策的宣传、解释与培训。业务部门应将已签订服务协议的工伤保险协议机构名单及时向社会公布。

（2）根据《工伤保险经办规程》第四十条规定，业务部门按照协议对工伤保险协议机构进行监督监控，定期考核通报，并建立诚信服务评价制度。

如严重违反协议，协议双方均可单方解除协议。提出解除协议的一方应按照协议规定时间通知另一方，并协助做好已收治工伤职工的医疗服务并按规定结算工伤医疗费。

4. 工伤医疗费用报销

根据《工伤保险经办规程》第六十一条规定，用人单位申报医疗费，填写《工伤医疗待遇申请表》并提供以下资料：

（1）医疗机构出具的伤害部位和程度的诊断证明；

（2）工伤职工的医疗票据、病历、清单、处方及检查报告；

（3）居住在统筹地区以外的工伤职工在居住地就医的，还需提供《工伤职工异地居住就医申请表》；

（4）工伤职工因旧伤复发就医的，还需提供《工伤职工旧伤复发申请表》；

（5）批准到统筹地区以外就医的工伤职工，还需提供《工伤职工转诊转院申请表》。

（6）省、自治区、直辖市经办机构规定的其他证件和资料。

5. 工伤医疗费用审核

根据《工伤保险经办规程》第六十二条规定，业务部门审核医疗费的内容包括：

（1）各项检查治疗是否与工伤部位、职业病病情相符；

（2）是否符合工伤保险“三目录”的规定；

（3）省、自治区、直辖市经办机构规定的其他需要审核的内容。

6. 工伤医疗费联网结算

根据《工伤保险经办规程》第六十三条规定，经办机构应推行与工伤保险协议机构的直接联网结算。

已登记的工伤职工持社会保障卡到工伤保险协议机构就诊，工伤保险协议机构按照服务协议传送就诊医疗费用明细，业务部门根据规定应对药品明细、治疗项目、检查项目、病程记录及医疗票据等进行网上审核。

三、工伤医疗权益维护

1. 住院治疗期间的伙食补助等费用

根据《工伤保险经办规程》第六十四条规定，工伤职工住院治疗的，业务部门根据统筹地区人民政府规定的伙食补助费标准及工伤职工的住院天数，核定住院伙食补助费。

业务部门批准到统筹地区以外就医的，根据统筹地区人民政府规定的交通、食宿费标准，核定交通、食宿费用。

2. 未在统筹地区协议医疗机构救治的工伤职工处理

根据《关于加强工伤保险医疗服务协议管理工作的通知》第二条规定，凡未在统筹地区协议医疗机构救治的工伤职工，用人单位要及时向经办机构报告工伤职工的伤情及救治医疗机构的情况，并待病情稳定后转回统筹地区的协议医疗机构治疗。

3. 工伤医疗事故处理

根据《关于加强工伤保险医疗服务协议管理工作的通知》第四条规定，工伤职工在协议医疗机构就医发生医疗事故的，按照《医疗事故处理条例》（中华人民共和国国务院令第351号）处理。

4. 参与工伤救治、检查、诊断等活动的医疗机构及其医务人员违法行为的处罚

根据《工伤职工劳动能力鉴定管理办法》（人力资源和社会保障部、国家卫生和计划生育委员会令第21号）第二十九条规定，参与工伤救治、检查、诊断等活动的医疗机构及其医务人员有下列情形之一的，由卫生计生（现为卫生健康）行政部门依法处理：

（1）提供与病情不符的虚假诊断证明的；

（2）篡改、伪造、隐匿、销毁病历材料的；

（3）无正当理由不履行职责的。

5. 垫付的工伤医疗费报销问题

根据《关于加强工伤保险医疗服务协议管理工作的通知》第四条规定，对工伤职工发生的符合“三目录”等管理规定的医疗费用和康复费用，包括职工工伤认定前已由医疗保险基金、用人单位或职工个人垫付的工伤医疗费用，由经办机构从工伤保险基金中按规定予以支付。

第六章　工伤康复

一、工伤康复概述

1. 工伤职工康复医院选择

根据《工伤保险条例》第三十条规定，工伤职工到签订服务协议的医疗机构进行工伤康复的费用，符合规定的，从工伤保险基金支付。

2. 工伤康复住院标准

（1）根据《工伤保险经办规程》第四十六条规定，工伤职工经治疗病情相对稳定后，因存在肢体、器官功能性障碍或缺陷，可以通过医疗技术、物理治疗、作业治疗、心理治疗、康复护理与职业训练等综合手段，使其达到功能部分恢复或完全恢复并获得就业能力，经办机构应鼓励其进行康复治疗，使其可以尽早重返工作岗位。

（2）根据《工伤康复服务规范（试行）》（修订版）[《人力资源和社会保障部关于印发〈工伤康复项目（试行）〉和〈工伤康复服务规范（试行）〉（修订版）的通知》（人社部发〔2013〕30号）] 规定，工伤职工住院康复的一般标准是：经临床急性期治疗后，生命体征基本平稳，病情相对稳定，但仍有持续性功能障碍（运动、感觉、言语、认知、精神、吞咽、排尿排便和性功能等障碍）而影响生活自理、劳动能力下降，仍不能回归家庭和社会，且具有恢复潜力和康复价值者，均应及早转入康复协议机构住院康复治疗。对于后遗症期病情变化，出现新的功能障碍等问题并且有康复价值的，参照上述标准入院康复治疗。

（3）根据《工伤康复服务规范（试行）》（修订版）规定，对包括颅脑损伤、持续性植物状态、脊柱脊髓损伤、周围神经损伤、骨折、截肢、手外伤、关节、软组织损伤、烧伤10种情形的康复住院标准进行了明确规定。

3. 康复住院时限

根据《工伤康复服务规范（试行）》（修订版）规定：

（1）根据受伤部位与损伤类型、功能障碍程度和康复潜力大小，对康复住院时间予以合理限制，住院康复时间不超过12个月。职业康复住院时限一般为60天，最长不超过180天，职业康复住院时限可分段累计计算。

（2）如住院期间病情发生变化影响康复进程，或已到出院时限，但仍有较大康复治疗价值，需继续康复治疗或安装辅助器具者，必须由康复协议机构出具诊断意见和延期康复建议书、经社会保险经办机构核准后方可适当延长住院时间。

4. 工伤康复出院标准

根据《工伤康复服务规范（试行）》（修订版）总说明的第五条规定，工伤职工经康复治疗后已达到预期康复目标，各项功能已恢复到一定水平并基本稳定，生活自理能力提高，无明显的并发症或并发症已控制，安装假肢、矫形器者已能够独立完成穿戴和使用。严重功能障碍的工伤职工，须病情稳定，基本达到预期康复目标或已无进一步康复治疗价值。

5. 工伤康复治疗申请

根据《工伤保险经办规程》第四十七条规定，工伤职工需要进行身体机能、心理康复或职业训练的，应由工伤保险协议机构提出康复治疗方案，包括康复治疗项目、时间、预期效果和治疗费用等内容，用人单位、工伤职工或近亲属提出申请，填写《工伤职工康复申请表》，报业务部门批准。

6. 工伤康复延期审批

根据《工伤保险经办规程》第四十八条规定，工伤康复治疗的时间需要延长时，由工伤保险协议机构提出意见，用人单位、工伤职工或近亲属同意，并报业务部门批准。

7. 工伤康复费用报销

根据《工伤保险经办规程》第六十一条规定，用人单位申报康复费，填写《工伤康复待遇申请表》并提供以下资料：

（1）医疗机构出具的伤害部位和程度的诊断证明；

（2）工伤职工的医疗（康复）票据、病历、清单、处方及检查报告；

（3）居住在统筹地区以外的工伤职工在居住地就医的，还需提供《工伤职工异地居住就医申请表》。

（4）工伤职工因旧伤复发就医的，还需提供《工伤职工旧伤复发申请表》。

（5）批准到统筹地区以外就医的工伤职工，还需提供《工伤职工转诊转院申请表》。

（6）省、自治区、直辖市经办机构规定的其他证件和资料。

8. 工伤康复费用审核

根据《工伤保险经办规程》第六十二条规定，业务部门审核医疗（康复）费的内容包括：

（1）各项检查治疗是否与工伤部位、职业病病情相符；

（2）是否符合工伤保险“三目录”的规定；

（3）是否符合工伤康复诊疗规范和工伤康复服务项目的规定；

（4）省、自治区、直辖市经办机构规定的其他需要审核的内容。

二、工伤康复业务管理

1. 工伤康复机构协议管理

根据《工伤保险经办规程》第三十八条规定，经办机构与符合条件的康复机构签订服务协议。

（1）在公开、公正、平等协商的基础上，经办机构与获得执业许可证的康复机构签订康复服务协议。

（2）工伤康复服务协议应包括服务人群、服务范围、服务内容、服务质量、费用结算办法、费用审核与控制、违约责任、监督考核、争议处理、协议有效期限等内容。

（3）工伤康复服务协议在履行过程中如遇情况变化，需要变更、补充或终止的，双方应及时协商议定。

2. 工伤康复机构日常管理

（1）根据《工伤保险经办规程》第三十九条规定，业务部门应与签订服务协议的康复机构建立沟通机制，掌握工伤康复情况，并进行工伤保险经办政策的宣传、解释与培训。业务部门应将已签订服务协议的工伤保险协议机构名单及时向社会公布。

（2）根据《工伤保险经办规程》第四十条规定，业务部门按照协议对工伤保险协议机构进行监督监控，定期考核通报，并建立诚信服务评价制度。

如严重违反协议，协议双方均可单方解除协议。提出解除协议的一方应按照协议规定时间通知另一方，并协助做好已收治工伤职工的康复服务并按规定结算工伤康复费。

3. 工伤职工医疗康复服务内容

根据《工伤康复服务规范（试行）》（修订版）规定，医疗康复规范包括功能评定、康复治疗和康复护理等三部分。

（1）功能评定部分根据不同工伤病种功能障碍特点，结合国际功能、残疾和健康分类方式与康复治疗专业分工，对运动、感觉、吞咽、排尿排便和性功能等躯体功能障碍的评定以及心理、认知和言语等功能的评估进行了规范。

（2）康复治疗部分包括物理治疗（含运动疗法、理疗和水疗等）、作业治疗（含日常生活活动训练和认知训练等）、言语治疗、行为心理治疗、中医康复治疗以及康复辅助器具应用等康复治疗和康复辅助技术的应用常规。

（3）康复护理部分包括康复护理评估、康复护理技术常规及心理护理、家庭护理与社区康复护理指导。

4. 工伤职工职业社会康复规范

根据《工伤康复服务规范（试行）》（修订版），职业社会康复规范是根据近几年我国部分地区职业社会康复的探索经验，并借鉴中国香港和台湾地区以及美国、德国、澳大利亚等职业康复相关的技术、管理标准制定。

工伤职工进行职业康复的一般标准是：工伤职工有就业意愿，没有严重认知功能障碍和相关禁忌证，身体功能大部分恢复，但是仍然受限影响重返工作岗位的；或者由于工伤后各种因素造成身体功能、工作行为、职业技能或就业信心等方面的改变影响重返工作岗位的；或者工伤后不能返回原单位、原岗位需工作能力重建或工作职务再设计的，均应及早安排职业康复治疗。达到退休年龄的工伤职工不进行职业康复介入。

5. 工伤职工社会康复管理

根据《工伤保险经办规程》第四十九条规定，工伤职工康复治疗结束后，应由工伤保险协议机构作出最终评价，制定社会康复方案，提供残疾适应指导、家庭康复指导等。业务部门应对工伤职工康复治疗情况进行跟踪管理。

业务部门应建立工伤康复评估专家数据库，随机抽取专家对申请工伤康复职工的康复价值、康复时限、康复效果进行评估。

6. 工伤康复服务项目

根据人力资源和社会保障部《工伤康复项目（试行）》（修订版）和《工伤康复服务规范（试行）》（修订版）的有关规定执行，详细的服务项目内容请查阅该文件。

7. 工伤康复费联网结算

根据《工伤保险经办规程》第六十三条规定，经办机构应推行与工伤保险协议机构的直接联网结算。

已登记的工伤职工持社会保障卡到工伤保险协议机构就诊，工伤保险协议机构按照服务协议传送就诊医疗（康复）费用明细，业务部门根据规定应对药品明细、治疗（康复）项目、检查项目、病程记录及医疗（康复）票据等进行网上审核。

8. 工伤康复服务规范

根据人力资源和社会保障部《工伤康复项目（试行）》（修订版）和《工伤康复服务规范（试行）》（修订版）的有关规定执行。

三、工伤康复权益维护

1. 住院康复期间的伙食补助费、异地就医交通食宿费等费用

根据《工伤保险经办规程》第六十四条规定，工伤职工住院治疗（康复）的，业务部门根据统筹地区人民政府规定的伙食补助费标准及工伤职工的住院天数，核定住院伙食补助费。

业务部门批准到统筹地区以外就医的，根据统筹地区人民政府规定的交通、食宿费标准，核定交通、食宿费用。

2. 工伤康复期间需要配置辅助器具的问题

康复治疗期间需要安装工伤辅助器具的，应按照《工伤保险辅助器具配置管理办法》（人力资源和社会保障部、民政部、国家卫生和计划生育委员会令第 27 号）有关规定执行，具体参见第九章相关内容。

第七章　劳动能力鉴定

一、劳动能力鉴定概述

1. 劳动能力鉴定的定义

根据《劳动能力鉴定　职工工伤与职业病致残等级》(GB/T 16180—2014)3.1 条，劳动能力鉴定是法定机构对劳动者在职业活动中因工负伤或患职业病后，根据国家工伤保险法规规定，在评定伤残等级时通过医学检查对劳动功能障碍程度(伤残程度)和生活自理障碍程度作出的技术性鉴定结论。

2. 劳动能力鉴定的内容

根据《工伤保险条例》第二十二条规定，劳动能力鉴定是指劳动功能障碍程度和生活自理障碍程度的等级鉴定。

劳动功能障碍分为 10 个伤残等级，最重的为一级，最轻的为十级。

生活自理障碍分为 3 个等级：生活完全不能自理、生活大部分不能自理和生活部分不能自理。

3. 功能障碍

根据《劳动能力鉴定　职工工伤与职业病致残等级》4.1.3 条，工伤后功能障碍的程度与器官缺损的部位及严重程度有关，职业病所致的器官功能障碍与疾病的严重程度相关。对功能障碍的判定，应以评定伤残等级技术鉴定时的医疗检查结果为依据，根据评残对象逐个确定。

4. 生活自理障碍

根据《劳动能力鉴定　职工工伤与职业病致残等级》4.1.5条，生活自理障碍按照自理范围和护理依赖程度划分等级。

（1）生活自理范围主要包括下列五项：

1）进食。完全不能自主进食，需依赖他人帮助。

2）翻身。不能自主翻身。

3）大、小便。不能自主行动，排大小便需要他人帮助。

4）穿衣、洗漱。不能自己穿衣、洗漱，完全依赖他人帮助。

5）自主行动。不能自主走动。

（2）护理依赖的程度分三级：

1）完全生活自理障碍。生活完全不能自理，上述五项均需护理。

2）大部分生活自理障碍。生活大部不能自理，上述五项中三项或四项需要护理。

3）部分生活自理障碍。部分生活不能自理，上述五项中一项或两项需要护理。

5. 劳动能力鉴定申请的时限

（1）根据《工伤保险条例》第二十一条规定，职工发生工伤，经治疗伤情相对稳定后存在残疾、影响劳动能力的，应当进行劳动能力鉴定。

（2）根据《工伤职工劳动能力鉴定管理办法》第七条规定，职工发生工伤，经治疗伤情相对稳定后存在残疾、影响劳动能力的，或者停工留薪期满（含劳动能力鉴定委员会确认的延长期限），工伤职工或者其用人单位应当及时向设区的市级劳动能力鉴定委员会提出劳动能力鉴定申请。

6. 劳动能力鉴定标准

（1）根据《工伤保险条例》第二十二条规定，劳动能力鉴定标准由国务院社会保险行政部门会同国务院卫生行政部门等部门制定。

（2）根据《工伤职工劳动能力鉴定管理办法》第二条规定，劳动能力鉴定委员会依据国家标准《劳动能力鉴定　职工工伤与职业病致残等级》，对工伤职工劳动功能障碍程度和生活自理障碍程度组织进行技术性等级鉴定，适用该办法。

7. 劳动能力鉴定申请人

（1）根据《工伤保险条例》第二十三条规定，劳动能力鉴定由用人单位、工伤职工或者其近亲属向设区的市级劳动能力鉴定委员会提出申请，并提供工伤认定决定和职工工伤医疗的有关资料。

（2）根据《工伤职工劳动能力鉴定管理办法》第七条规定，职工发生工伤，经治疗伤情相对稳定后存在残疾、影响劳动能力的，或者停工留薪期满（含劳动能力鉴定委员会确认的延长期限），工伤职工或者其用人单位应当及时向设区的市级劳动能力鉴定委员会提出劳动能力鉴定申请。

（3）根据《工伤职工劳动能力鉴定管理办法》第十八条规定，工伤职工本人因身体等原因无法提出劳动能力初次鉴定、复查鉴定、再次鉴定申请的，可由其近亲属代为提出。

8. 劳动能力鉴定申请材料

根据《工伤职工劳动能力鉴定管理办法》第八条规定，申请劳动能力鉴定应当填写劳动能力鉴定申请表，并提交下列材料：

（1）《工伤认定决定书》原件和复印件；

（2）有效的诊断证明、按照医疗机构病历管理有关规定复印或者复制的检查、检验报告等完整病历材料；

（3）工伤职工的居民身份证或者社会保障卡等其他有效身份证明原件和复印件；

（4）劳动能力鉴定委员会规定的其他材料。

9. 劳动能力鉴定申请材料补正

根据《工伤职工劳动能力鉴定管理办法》第九条规定，劳动能力鉴定委员会收到劳动能力鉴定申请后，应当及时对申请人提交的材料进行审核；申请人提供材料不完整的，劳动能力鉴定委员会应当自收到劳动能力鉴定申请之日起5个工作日内一次性书面告知申请人需要补正的全部材料。

10. 劳动能力鉴定现场鉴定

（1）根据《工伤职工劳动能力鉴定管理办法》第十一条规定，劳动能力鉴定委员会应当提前通知工伤职工进行鉴定的时间、地点以及应当携带的材料。工伤职工应当按照通知的时间、地点参加现场鉴定。

（2）根据《工伤保险条例》第二十五条规定，必要时，可以委托具备资格的医疗机构协助进行有关的诊断。

（3）根据《工伤职工劳动能力鉴定管理办法》第十二条规定，因鉴定工作需要，专家组提出应当进行有关检查和诊断的，劳动能力鉴定委员会可以委托具备资格的医疗机构协助进行有关的检查和诊断。

11. 行动不便的工伤职工上门鉴定

根据《工伤职工劳动能力鉴定管理办法》第十一条规定，对行动不便的工伤职工，劳动能力鉴定委员会可以组织专家上门进行劳动能力鉴定。组织劳动能力鉴定的工作人员应当对工伤职工的身份进行核实。

12. 因故不能按时参加现场鉴定的处理

根据《工伤职工劳动能力鉴定管理办法》第十一条规定，工伤职工因故不能按时参加鉴定的，经劳动能力鉴定委员会同意，可以调整现场鉴定的时间，作出劳动能力鉴定结论的期限相应顺延。

13. 劳动能力现场鉴定中止

根据《工伤职工劳动能力鉴定管理办法》第二十三条规定，工伤职工有下列情形之一的，当次鉴定终止：

（1）无正当理由不参加现场鉴定的；

（2）拒不参加劳动能力鉴定委员会安排的检查和诊断的。

14. 劳动能力鉴定结论要求

根据《工伤保险条例》第十四条规定，劳动能力鉴定委员会根据专家组的鉴定意见作出劳动能力鉴定结论。劳动能力鉴定结论书应当载明下列事项：

（1）工伤职工及其用人单位的基本信息；

（2）伤情介绍，包括伤残部位、器官功能障碍程度、诊断情况等；

（3）作出鉴定的依据；

（4）鉴定结论。

15. 劳动能力鉴定结论作出期限

（1）根据《工伤保险条例》第二十五条规定，设区的市级劳动能力鉴定委员会应当自收到劳动能力鉴定申请之日起60日内作出劳动能力鉴定结论，必要时，作出劳动能力鉴定结论的期限可以延长30日。

（2）根据《工伤职工劳动能力鉴定管理办法》第九条规定，申请人提供材料完整的，劳动能力鉴定委员会应当及时组织鉴定，并在收到劳动能力鉴定申请之日起60日内作出劳动能力鉴定结论。伤情复杂、涉及医疗卫生专业较多的，作出劳动能力鉴定结论的期限可以延长30日。

16. 劳动能力鉴定结论送达

（1）根据《工伤保险条例》第二十五条规定，劳动能力鉴定结论应当及时送达申请鉴定的单位和个人。

（2）根据《工伤职工劳动能力鉴定管理办法》第十五条规定，劳动能力鉴定委员会应当自作出鉴定结论之日起20日内将劳动能力鉴定结论及时送达工伤职工及其用人单位，并抄送社会保险经办机构。

17. 劳动能力鉴定结论晋级原则

根据《劳动能力鉴定　职工工伤与职业病致残等级》4.2条，对于同一器官或系统多处损伤，或一个以上器官不同部位同时受到损伤者，应先对单项伤残程度进行鉴定。如果几项伤残等级不同，以重者定级；如果两项及以上等级相同，最多晋升一级。

18. 劳动能力鉴定中对原有伤残及合并症的处理

根据《劳动能力鉴定　职工工伤与职业病致残等级》4.3 条，在劳动能力鉴定过程中，工伤或职业病后出现合并症，其致残等级的评定以鉴定时实际的致残结局为依据。

如受工伤损害的器官原有伤残或疾病史，即单个或双器官（双眼、四肢、肾脏）或系统损伤，本次鉴定时应检查本次伤情是否加重原有伤残，如若加重原有伤残，鉴定时按事实的致残结局为依据；若本次伤情轻于原有伤残，鉴定时则按本次伤情致残结局为依据。

对原有伤残的处理适用于初次或再次鉴定，复查鉴定不适用于该规则。

19. 劳动能力鉴定中等级划分

根据《劳动能力鉴定　职工工伤与职业病致残等级》4.6 条，根据条目划分原则以及工伤致残程度，综合考虑各门类问题的平衡，将残情级别分为一级至十级。最重为一级，最轻为十级。对未列出的个别伤残情况，参照该标准中相应定级原则进行等级评定。

20. 职工工伤与职业病致残等级分级定级原则

根据《劳动能力鉴定　职工工伤与职业病致残等级》5 条，职工工伤与职业病致残等级分级，定级原则如下：

（1）一级——器官缺失或功能完全丧失，其他器官不能代偿，存在特殊医疗依赖，或完全或大部分或部分生活自理障碍。

（2）二级——器官严重缺损或畸形，有严重功能障碍或并发症，存在特殊医疗依赖，或大部分或部分生活自理障碍。

（3）三级——器官严重缺损或畸形，有严重功能障碍或并发症，存在特殊医疗依赖，或部分生活自理障碍。

（4）四级——器官严重缺损或畸形，有严重功能障碍或并发症，存在特殊医疗依赖，或部分生活自理障碍或无生活自理障碍。

（5）五级——器官大部分缺损或明显畸形，有较重功能障碍或并发症，存在一般医疗依赖，无生活自理障碍。

（6）六级——器官大部分缺损或明显畸形，有中等功能障碍或并发症，存在一般医疗依赖，无生活自理障碍。

（7）七级——器官大部分缺损或畸形，有轻度功能障碍或并发症，存在一般医疗依赖，无生活自理障碍。

（8）八级——器官部分缺损，形态异常，轻度功能障碍，存在一般医疗依赖，无生活自理障碍。

（9）九级——器官部分缺损，形态异常，轻度功能障碍，无医疗依赖或者存在一般医疗依赖，无生活自理障碍。

（10）十级——器官部分缺损，形态异常，无功能障碍，无医疗依赖或者存在一般医疗依赖，无生活自理障碍。

21. 劳动能力鉴定医疗依赖分级原则

根据《劳动能力鉴定　职工工伤与职业病致残等级》4.1.4条，医疗依赖判定分级如下：

（1）特殊医疗依赖是指工伤致残后必须终身接受特殊药物、特殊医疗设备或装置进行治疗；

（2）一般医疗依赖是指工伤致残后仍需接受长期或终身药物治疗。

二、劳动能力鉴定工作管理

1. 劳动能力鉴定委员会

根据《工伤保险条例》第二十四条和《工伤职工劳动能力鉴定管理办法》第一条规定，省、自治区、直辖市劳动能力鉴定委员会和设区的市级劳动能力鉴定委员会分别由省、自治区、直辖市和设区的市级社会保险行政部门、卫生行政部门、工会组织、经办机构代表以及用人单位代表组成。

承担劳动能力鉴定委员会日常工作的机构，其设置方式由各地根据实际情况决定。

2. 劳动能力鉴定委员会职责

根据《工伤职工劳动能力鉴定管理办法》第四条规定，劳动能力鉴定委员会履行下列职责：

（1）选聘医疗卫生专家，组建医疗卫生专家库，对专家进行培训和管理；

（2）组织劳动能力鉴定；

（3）根据专家组的鉴定意见作出劳动能力鉴定结论；

（4）建立完整的鉴定数据库，保管鉴定工作档案50年；

（5）法律、法规、规章规定的其他职责。

3. 劳动能力鉴定委员会工作范围

根据《工伤职工劳动能力鉴定管理办法》第五条规定，设区的市级劳动能力鉴定委员会负责本辖区内的劳动能力初次鉴定、复查鉴定。

省、自治区、直辖市劳动能力鉴定委员会负责对初次鉴定或者复查鉴定结论不服提出的再次鉴定。

4. 劳动能力鉴定医疗卫生专家库管理

（1）根据《工伤保险条例》第二十四条规定，劳动能力鉴定委员会建立医疗卫生专家库。列入专家库的医疗卫生专业技术人员应当具备下列条件：

1）具有医疗卫生高级专业技术职务任职资格；

2）掌握劳动能力鉴定的相关知识；

3）具有良好的职业品德。

（2）根据《工伤职工劳动能力鉴定管理办法》第二十条规定，劳动能力鉴定委员会应当每 3 年对专家库进行一次调整和补充，实行动态管理。确有需要的，可以根据实际情况适时调整。

（3）根据《工伤职工劳动能力鉴定管理办法》第二十一条规定，劳动能力鉴定委员会选聘医疗卫生专家，聘期一般为 3 年，可以连续聘任。

（4）根据《工伤职工劳动能力鉴定管理办法》第二十二条规定，参加劳动能力鉴定的专家应当按照规定的时间、地点进行现场鉴定，严格执行劳动能力鉴定政策和标准，客观、公正地提出鉴定意见。

5. 劳动能力鉴定专家组抽取

（1）根据《工伤保险条例》第二十五条规定，设区的市级劳动能力鉴定委员会收到劳动能力鉴定申请后，应当从其建立的医疗卫生专家库中随机抽取 3 名或者 5 名相关专家组成专家组，由专家组提出鉴定意见。设区的市级劳动能力鉴定委员会根据专家组的鉴定意见作出工伤职工劳动能力鉴定结论；必要时，可以委托具备资格的医疗机构协助进行有关的诊断。

（2）根据《工伤职工劳动能力鉴定管理办法》第十条规定，劳动能力鉴定委员会应当视伤情程度等从医疗卫生专家库中随机抽取3名或者5名与工伤职工伤情相关科别的专家组成专家组进行鉴定。

6. 劳动能力鉴定工作回避制度

（1）根据《工伤保险条例》第二十七条规定，劳动能力鉴定工作应当客观、公正。劳动能力鉴定委员会组成人员或者参加鉴定的专家与当事人有利害关系的，应当回避。

（2）根据《工伤职工劳动能力鉴定管理办法》第二十五条规定，劳动能力鉴定委员会组成人员、劳动能力鉴定工作人员以及参加鉴定的专家与当事人有利害关系的，应当回避。

7. 非因工因病人员劳动能力鉴定

根据《国务院关于工人退休、退职的暂行办法》（国发〔1978〕104号）第一条规定，全民所有制企业、事业单位和党政机关、群众团体的工人，符合男性年满五十周岁，女性年满四十五周岁，连续工龄满十年，由医院证明，并经劳动鉴定委员会确认，完全丧失劳动能力条件的，应该退休。

8. 因工死亡职工供养亲属的劳动能力鉴定

根据《因工死亡职工供养亲属范围规定》（劳动和社会保障部令第18号）第六条规定，因工死亡职工供养亲属的劳动能力鉴定，由因工死亡职工生前单位所在地设区的市级劳动能力鉴定委员会负责。

三、劳动能力鉴定权益维护

1. 用人单位、工伤职工或者其近亲属应当配合劳动能力鉴定工作

根据《工伤职工劳动能力鉴定管理办法》第二十三条规定，用人单位、工伤职工或者其近亲属应当如实提供鉴定需要的材料，遵守劳动能力鉴定相关规定，按照要求配合劳动能力鉴定工作。

2. 申请鉴定的单位或者个人对设区的市级劳动能力鉴定委员会作出的鉴定结论不服的处理

（1）根据《工伤保险条例》第二十六条规定，申请鉴定的单位或者个人对设区的市级劳动能力鉴定委员会作出的鉴定结论不服的，可以在收到该鉴定结论之日起 15 日内向省、自治区、直辖市劳动能力鉴定委员会提出再次鉴定申请。省、自治区、直辖市劳动能力鉴定委员会作出的劳动能力鉴定结论为最终结论。

（2）根据《工伤职工劳动能力鉴定管理办法》第十六条规定，工伤职工或者其用人单位对初次鉴定结论不服的，可以在收到该鉴定结论之日起 15 日内向省、自治区、直辖市劳动能力鉴定委员会申请再次鉴定。

省、自治区、直辖市劳动能力鉴定委员会作出的劳动能力鉴定结论为最终结论。

3. 申请再次鉴定的材料要求

根据《工伤职工劳动能力鉴定管理办法》第十六条规定，申请再次鉴定，除提供该办法第八条规定的材料外，还需提交劳动

能力初次鉴定结论原件和复印件。

4. 劳动能力鉴定结论作出之后认为伤残情况发生变化的处理

（1）根据《工伤保险条例》第二十八条规定，自劳动能力鉴定结论作出之日起1年后，工伤职工或者其近亲属、所在单位或者经办机构认为伤残情况发生变化的，可以申请劳动能力复查鉴定。

（2）根据《工伤职工劳动能力鉴定管理办法》第十七条规定，自劳动能力鉴定结论作出之日起1年后，工伤职工、用人单位或者社会保险经办机构认为伤残情况发生变化的，可以向设区的市级劳动能力鉴定委员会申请劳动能力复查鉴定。

5. 对劳动能力鉴定复查鉴定结论不服的处理

根据《工伤职工劳动能力鉴定管理办法》第十七条规定，对复查鉴定结论不服的，可以按照该办法第十六条规定申请再次鉴定。

6. 再次鉴定和复查鉴定的结论作出期限

（1）根据《工伤保险条例》第二十九条规定，劳动能力鉴定委员会依照该条例第二十六条和第二十八条的规定进行再次鉴定和复查鉴定的期限，依照该条例第二十五条第二款的规定执行。

（2）根据《工伤保险条例》第二十五条规定，设区的市级劳动能力鉴定委员会应当自收到劳动能力鉴定申请之日起60日内作出劳动能力鉴定结论，必要时，作出劳动能力鉴定结论的期限可以延长30日。劳动能力鉴定结论应当及时送达申请鉴定的单位和个人。

（3）根据《工伤职工劳动能力鉴定管理办法》第十九条规定，再次鉴定和复查鉴定的程序、期限等按照该办法第九条至第十五条的规定执行。

7. 拒不接受劳动能力鉴定对待遇的影响

（1）根据《工伤保险条例》第四十二条规定，工伤职工拒不接受劳动能力鉴定的，停止享受工伤保险待遇。

（2）根据《关于实施〈工伤保险条例〉若干问题的意见》第十一条规定，依据《工伤保险条例》第四十二条的规定停止支付工伤保险待遇的，在停止支付待遇的情形消失后，自下月起恢复工伤保险待遇，停止支付的工伤保险待遇不予补发。

8. 参与工伤救治、检查、诊断等活动的医疗机构及其医务人员违法行为的处罚

根据《工伤职工劳动能力鉴定管理办法》第二十九条规定，参与工伤救治、检查、诊断等活动的医疗机构及其医务人员有下列情形之一的，由卫生行政部门依法处理：

（1）提供与病情不符的虚假诊断证明的；

（2）篡改、伪造、隐匿、销毁病历材料的；

（3）无正当理由不履行职责的。

9. 欺诈、伪造证明材料或者其他手段骗取鉴定结论、领取工伤保险待遇的处罚

根据《工伤职工劳动能力鉴定管理办法》第三十条规定，以欺诈、伪造证明材料或者其他手段骗取鉴定结论、领取工伤保险待遇的，按照《社会保险法》第八十八条的规定，由人力资源和社会保障行政部门责令退回骗取的社会保险金，处骗取金额2倍

以上5倍以下的罚款。

10. 铁路企业工伤职工劳动能力鉴定问题

根据《关于铁路企业参加工伤保险有关问题的通知》规定：

（1）铁路企业要按照属地管理原则参加工伤保险，执行国家和企业所在地的工伤保险政策。铁路运输企业以铁路局或铁路分局为单位集中参加铁路局或铁路分局所在地统筹地区的工伤保险。

（2）铁路企业工伤职工的认定工作由统筹地区劳动保障行政部门负责，工伤职工的劳动能力鉴定工作由统筹地区劳动能力鉴定机构负责。

11. 建筑业用工人员劳动能力鉴定问题

根据《进一步做好建筑业工伤保险工作的意见》规定：

规范和简化工伤认定和劳动能力鉴定程序。职工发生工伤事故，应当由其所在用人单位在30日内提出工伤认定申请，施工总承包单位应当密切配合并提供参保证明等相关材料。用人单位未在规定时限内提出工伤认定申请的，职工本人或其近亲属、工会组织可以在1年内提出工伤认定申请，经社会保险行政部门调查确认工伤的，在此期间发生的工伤待遇等有关费用由其所在用人单位负担。各地社会保险行政部门和劳动能力鉴定机构要优化流程，简化手续，缩短认定、鉴定时间。对于事实清楚、权利义务关系明确的工伤认定申请，应当自受理工伤认定申请之日起15日内作出工伤认定决定。探索建立工伤认定和劳动能力鉴定相关材料网上申报、审核和送达办法，提高工作效率。

12. 农民工劳动能力鉴定问题

根据《关于农民工参加工伤保险有关问题的通知》规定：

农民工受到事故伤害或患职业病后，在参保地进行工伤认定、劳动能力鉴定，并按参保地的规定依法享受工伤保险待遇。用人单位在注册地和生产经营地均未参加工伤保险的，农民工受到事故伤害或者患职业病后，在生产经营地进行工伤认定、劳动能力鉴定，并按生产经营地的规定依法由用人单位支付工伤保险待遇。

第八章　劳动能力确认

一、劳动能力确认概述

1. 劳动能力确认项目

劳动能力确认的项目和依据详见表 8—1。

表 8—1　　　　劳动能力确认的项目和依据

编号	项目	依据
1	辅助器具配置确认	《工伤保险条例》第三十二条
2	继续医疗确认	《工伤保险经办规程》第四十二条
3	停工留薪期确认	《工伤保险条例》第三十三条
4	工伤复发确认	《工伤保险条例》第三十八条 《工伤保险经办规程》第四十四条
5	工伤康复确认	《人力资源社会保障部关于印发〈工伤康复服务项目（试行）〉和〈工伤康复服务规范（试行）〉（修订版）的通知》第一条

2. 辅助器具配置确认

（1）根据《工伤保险条例》第三十二条规定，工伤职工因日常生活或者就业需要，经劳动能力鉴定委员会确认，可以安装假肢、矫形器、假眼、假牙和配置轮椅等辅助器具，所需费用按照国家规定的标准从工伤保险基金支付。

（2）根据《工伤保险辅助器具配置管理办法》第四条规定，设区的市级（含直辖市的市辖区、县）劳动能力鉴定委员会负责工伤保险辅助器具配置的确认工作。

3. 继续医疗确认

根据《工伤保险经办规程》第四十二条规定，居住在统筹地区以外的工伤职工，经统筹地区劳动能力鉴定委员会鉴定或者经统筹地区社会保险行政部门委托居住地劳动能力鉴定委员会鉴定需要继续治疗的，工伤职工本人应在居住地选择一所县级以上工伤保险协议机构或同级医疗机构进行治疗，填报《工伤职工异地居住就医申请表》，并经过业务部门批准。

4. 停工留薪期确认

根据《工伤保险条例》第三十三条规定，停工留薪期一般不超过 12 个月。伤情严重或者情况特殊，经设区的市级劳动能力鉴定委员会确认，可以适当延长，但延长不得超过 12 个月。

5. 工伤复发确认

根据《工伤保险经办规程》第四十四条规定，工伤职工因旧伤复发需要治疗的，填写《工伤职工旧伤复发治疗申请表》，由就诊的工伤保险协议机构提出工伤复发的诊断意见，经业务部门核准后到工伤保险协议机构就医。对旧伤复发有争议的，由劳动能力鉴定委员会确定。

6. 工伤康复确认

根据《人力资源和社会保障部关于印发〈工伤康复服务项目

（试行）〉和〈工伤康复服务规范（试行）〉（修订版）的通知》第一条规定，《工伤康复服务项目》和《工伤康复服务规范》既是工伤康复试点机构开展工伤康复服务的业务指南和工作规程，也是工伤保险行政管理部门、社会保险经办机构和劳动能力鉴定机构进行工伤康复监督管理的重要依据。

二、辅助器具配置确认

1. 辅助器具配置申请人

根据《工伤保险辅助器具配置管理办法》第七条规定，工伤职工认为需要配置辅助器具的，可以向劳动能力鉴定委员会提出辅助器具配置确认申请，工伤职工本人因身体等原因无法提出申请的，可由其近亲属或者用人单位代为申请。

2. 辅助器具配置申请材料

根据《工伤保险辅助器具配置管理办法》第七条规定，工伤职工认为需要配置辅助器具的，可以向劳动能力鉴定委员会提出辅助器具配置确认申请，并提交下列材料：

（1）《工伤认定决定书》原件和复印件，或者其他确认工伤的文件；

（2）居民身份证或者社会保障卡等有效身份证明原件和复印件；

（3）有效的诊断证明、按照医疗机构病历管理有关规定复印或者复制的检查、检验报告等完整病历材料。

3. 辅助器具配置申请材料不齐的处理

根据《工伤保险辅助器具配置管理办法》第八条规定，劳动能力鉴定委员会收到辅助器具配置确认申请后，应当及时审核；材料不完整的，应当自收到申请之日起5个工作日内一次性书面告知申请人需要补正的全部材料。

4. 辅助器具配置现场配置确认

根据《工伤保险辅助器具配置管理办法》第九条规定，劳动能力鉴定委员会专家库应当配备辅助器具配置专家，从事辅助器具配置确认工作。

劳动能力鉴定委员会应当根据配置确认申请材料，从专家库中随机抽取3名或者5名专家组成专家组，对工伤职工本人进行现场配置确认。专家组中至少包括1名辅助器具配置专家、2名与工伤职工伤情相关的专家。

5. 辅助器具配置确认结论时限

根据《工伤保险辅助器具配置管理办法》第八条规定，劳动能力鉴定委员会收到辅助器具配置确认申请后，应当及时审核；材料完整的，应当在收到申请之日起60日内作出确认结论。伤情复杂、涉及医疗卫生专业较多的，作出确认结论的期限可以延长30日。

6. 辅助器具配置确认结论内容要求

根据《工伤保险辅助器具配置管理办法》第十条规定，劳动能力鉴定委员会根据专家组确认意见作出配置辅助器具确认结论。其中，确认予以配置的，应当载明确认配置的理由、依据和辅助器具名称等信息；确认不予配置的，应当说明不予配置的理由。

7. 辅助器具配置确认结论送达

根据《工伤保险辅助器具配置管理办法》第十一条规定，劳动能力鉴定委员会应当自作出确认结论之日起20日内将确认结论送达工伤职工及其用人单位，并抄送经办机构。

8. 辅助器具配置专家条件要求

根据《工伤保险辅助器具配置管理办法》第十七条规定，辅助器具配置专家应当具备下列条件之一：

（1）具有医疗卫生中高级专业技术职务任职资格；

（2）具有假肢师或者矫形器师职业资格；

（3）从事辅助器具配置专业技术工作5年以上。

辅助器具配置专家应当具有良好的职业品德。

三、劳动能力确认权益维护

根据《工伤保险辅助器具配置管理办法》第二十七条规定，从事工伤保险辅助器具配置确认工作的组织或者个人有下列情形之一的，由人力资源和社会保障行政部门责令改正，处2 000元以上1万元以下的罚款；情节严重，构成犯罪的，依法追究刑事责任：

（1）提供虚假确认意见的；

（2）提供虚假诊断证明或者病历的；

（3）收受当事人财物的。

第九章 工伤保险待遇

一、工伤保险待遇概述

1. 工伤保险待遇项目及政策依据

（1）根据《社会保险法》第三十八条、第三十九条，《工伤保险条例》第五章有关规定，工伤（亡）职工工伤保险待遇具体包括 15 个待遇项目，详见表 9—1。

表 9—1　　工伤保险待遇及政策依据

编号	工伤保险待遇项目	依据
1	工伤医疗费	《工伤保险条例》第三十条
2	工伤康复费	《工伤保险条例》第三十条
3	住院治疗工伤的伙食补助费	《工伤保险条例》第三十条
4	到统筹地区以外就医交通食宿费	《工伤保险条例》第三十条
5	辅助器具装配费	《工伤保险条例》第三十二条
6	停工留薪期工资福利待遇	《工伤保险条例》第三十三条
7	停工留薪期内护理	《工伤保险条例》第三十三条
8	生活护理费	《工伤保险条例》第三十四条
9	一次性伤残补助金	《工伤保险条例》第三十五条、第三十六条、第三十七条

续表

编号	工伤保险待遇项目	依据
10	伤残津贴	《工伤保险条例》第三十五条、第三十六条
11	一次性工伤医疗补助金	《工伤保险条例》第三十六条、第三十七条
12	一次性伤残就业补助金	《工伤保险条例》第三十六条、第三十七条
13	丧葬补助金	《工伤保险条例》第三十九条
14	供养亲属抚恤金	《工伤保险条例》第三十九条
15	一次性工亡补助金	《工伤保险条例》第三十九条

（2）各省有条例或实施细则的，根据具体规定，待遇项目可能会有所增加。

2. 工伤保险待遇申请人

（1）根据《工伤保险经办规程》第五章综合规定，用人单位、工伤职工或者其近亲属可以提出工伤保险待遇申请。

（2）根据《工伤保险条例》第五十五条规定，工伤职工或者其近亲属为工伤保险待遇的当事人。

3. 工伤保险待遇审核内容

根据《工伤保险经办规程》第五章规定，工伤待遇审核包括工伤登记、医疗（康复）待遇审核、辅助器具配置费用审核、伤残待遇审核、工亡待遇审核、涉及第三人的工伤待遇审核、先行支付审核等内容，影响工伤保险待遇的条件和影响结果详见表9—2。

表 9—2 工伤保险待遇影响条件和影响结果

编号	影响条件	影响结果
1	工伤认定	不认定为工伤不能支付待遇
2	参保	参保情况不正常不能从基金领取待遇，由用人单位支付
3	缴费	缴费情况不正常不能从基金领取待遇，由用人单位支付
4	项目按《工伤保险条例》规定产生费用	不按照《工伤保险条例》规定范围的费用不能支付
5	待遇禁止、终止	待遇有明确的支付时段、时限、终止规定
6	按规定流程办理	不按照流程办理影响待遇基金支付

4. 停工留薪期的规定

根据《工伤保险条例》第三十三条规定，停工留薪期一般不超过 12 个月。伤情严重或者情况特殊，经设区的市级劳动能力鉴定委员会确认，可以适当延长，但延长不得超过 12 个月。工伤职工评定伤残等级后，停发原待遇，按照该条例第五章的有关规定享受伤残待遇。

5. 停止享受工伤保险待遇情形

根据《工伤保险条例》第四十二条规定，工伤职工有下列情形之一的，停止享受工伤保险待遇：

（1）丧失享受待遇条件的；

（2）拒不接受劳动能力鉴定的；

（3）拒绝治疗的。

6. 工伤保险待遇核定中“本人工资”标准

根据《工伤保险条例》第六十四条规定，该条例所称本人工资，是指工伤职工因工作遭受事故伤害或者患职业病前12个月平均月缴费工资。本人工资高于统筹地区职工平均工资300%的，按照统筹地区职工平均工资的300%计算；本人工资低于统筹地区职工平均工资60%的，按照统筹地区职工平均工资的60%计算。

7. 工伤保险待遇所需“上一年度相关数据”尚未公布的处理

根据《人力资源社会保障部关于执行〈工伤保险条例〉若干问题的意见》第十四条规定，核定工伤职工工伤保险待遇时，若上一年度相关数据尚未公布，可暂按前一年度的全国城镇居民人均可支配收入、统筹地区职工月平均工资核定和计发，待相关数据公布后再重新核定，社会保险经办机构或者用人单位予以补发差额部分。

8. 工伤复发享受的工伤保险待遇项目

根据《工伤保险条例》第三十八条规定，工伤职工工伤复发，确认需要治疗的，享受该条例第三十条、第三十二条和第三十三条规定的工伤待遇，详见表9—3。

表9—3　工伤复发享受的工伤保险待遇项目和依据

编号	工伤保险待遇项目	依据
1	工伤医疗费	《工伤保险条例》第三十条
2	工伤康复费	《工伤保险条例》第三十条
3	住院治疗工伤的伙食补助费	《工伤保险条例》第三十条

续表

编号	工伤保险待遇项目	依据
4	到统筹地区以外就医交通、食宿费	《工伤保险条例》第三十条
5	辅助器具装配费	《工伤保险条例》第三十二条
6	停工留薪期工资福利待遇	《工伤保险条例》第三十三条
7	停工留薪期内护理	《工伤保险条例》第三十三条

9. 职工原在军队服役，因战、因公负伤致残，已取得革命伤残军人证，到用人单位后旧伤复发的待遇问题

根据《工伤保险条例》第十五条规定，职工原在军队服役，因战、因公负伤致残，已取得革命伤残军人证，到用人单位后旧伤复发的，按照该条例的有关规定享受除一次性伤残补助金以外的工伤保险待遇。

10. 用人单位未在规定的时限内提交工伤认定申请的待遇问题

（1）根据《工伤保险条例》第十七条规定，用人单位未在规定的时限内提交工伤认定申请，在此期间发生符合该条例规定的工伤待遇等有关费用由该用人单位负担。

（2）根据《关于实施〈工伤保险条例〉若干问题的意见》第六条规定，《工伤保险条例》第十七条第四款规定“用人单位未在本条第一款规定的时限内提交工伤认定申请的，在此期间发生符合本条例规定的工伤待遇等有关费用由该用人单位负担”。这里用人单位承担工伤待遇等有关费用的期间是指从事故伤害发生之日或职业病确诊之日起到劳动保障行政部门受理工伤认定申请之日止。

11. 达到或超过法定退休年龄的工伤保险待遇问题

根据《人力资源社会保障部关于执行〈工伤保险条例〉若干问题的意见（二）》第二条规定，达到或超过法定退休年龄，但未办理退休手续或者未依法享受城镇职工基本养老保险待遇，继续在原用人单位工作期间受到事故伤害或患职业病的，用人单位依法承担工伤保险责任。

用人单位招用已经达到、超过法定退休年龄或已经领取城镇职工基本养老保险待遇的人员，在用工期间因工作原因受到事故伤害或患职业病的，如招用单位已按项目参保等方式为其缴纳工伤保险费的，应适用《工伤保险条例》。

12. 领取伤残津贴的工伤职工达到退休年龄的待遇问题

根据《社会保险法》第四十条规定，工伤职工符合领取基本养老金条件的，停发伤残津贴，享受基本养老保险待遇。基本养老保险待遇低于伤残津贴的，从工伤保险基金中补足差额。

根据《工伤保险条例》第三十五条规定，工伤职工达到退休年龄并办理退休手续后，停发伤残津贴，按照国家有关规定享受基本养老保险待遇。基本养老保险待遇低于伤残津贴的，由工伤保险基金补足差额。

13. 一级至四级工伤职工死亡，其近亲属同时符合领取工伤保险丧葬补助金、供养亲属抚恤金待遇和职工基本养老保险丧葬补助金、抚恤金待遇条件的问题

根据《人力资源社会保障部关于执行〈工伤保险条例〉若干问题的意见（二）》第二条规定，一级至四级工伤职工死亡，其近亲属同时符合领取工伤保险丧葬补助金、供养亲属抚恤金待遇

和职工基本养老保险丧葬补助金、抚恤金待遇条件的，由其近亲属选择领取工伤保险或职工基本养老保险其中的一种。

14. 职工多次发生工伤的待遇领取规定

（1）根据《工伤保险条例》第四十五条规定，职工再次发生工伤，根据规定应当享受伤残津贴的，按照新认定的伤残等级享受伤残津贴待遇。

（2）根据《关于执行〈工伤保险条例〉若干问题的意见》第十条规定，职工在同一用人单位连续工作期间多次发生工伤的，符合《工伤保险条例》第三十六、第三十七条规定领取相关待遇时，按照其在同一用人单位发生工伤的最高伤残级别，计发一次性伤残就业补助金和一次性工伤医疗补助金。

15. 曾经从事接触职业病危害作业、当时没有发现罹患职业病、离开工作岗位后被诊断或鉴定为职业病人员的待遇问题

（1）根据《人力资源社会保障部关于执行〈工伤保险条例〉若干问题的意见》第八条规定，曾经从事接触职业病危害作业、当时没有发现罹患职业病、离开工作岗位后被诊断或鉴定为职业病的符合下列条件的人员，可以自诊断、鉴定为职业病之日起1年内申请工伤认定，社会保险行政部门应当受理：

1）办理退休手续后，未再从事接触职业病危害作业的退休人员；

2）劳动或聘用合同期满后或者本人提出而解除劳动或聘用合同后，未再从事接触职业病危害作业的人员。

经工伤认定和劳动能力鉴定，前款第1）项人员符合领取一次性伤残补助金条件的，按就高原则以本人退休前12个月平均月缴费工资或者确诊职业病前12个月的月平均养老金为基数计

发。前款第2）项人员被鉴定为一级至十级伤残、按《工伤保险条例》规定应以本人工资作为基数享受相关待遇的，按本人终止或者解除劳动、聘用合同前12个月平均月缴费工资计发。

（2）根据《人力资源社会保障部关于执行〈工伤保险条例〉若干问题的意见》第九条规定，按照该意见第八条规定被认定为工伤的职业病人员，职业病诊断证明书或职业病诊断鉴定书中明确的用人单位，在该职工从业期间依法为其缴纳工伤保险费的，按《工伤保险条例》的规定，分别由工伤保险基金和用人单位支付工伤保险待遇；未依法为该职工缴纳工伤保险费的，由用人单位按照《工伤保险条例》规定的相关项目和标准支付待遇。

16. 工伤保险长期待遇一次性支付问题

（1）根据《关于农民工参加工伤保险有关问题的通知》第四条规定，对跨省流动的农民工，即户籍不在参加工伤保险统筹地区（生产经营地）所在省（自治区、直辖市）的农民工，一级至四级伤残长期待遇的支付，可试行一次性支付和长期支付两种方式，供农民工选择。在农民工选择一次性或长期支付方式时，支付其工伤保险待遇的社会保险经办机构应向其说明情况。一次性享受工伤保险长期待遇的，需由农民工本人提出，与用人单位解除或者终止劳动关系，与统筹地区社会保险经办机构签订协议，终止工伤保险关系。一级至四级伤残农民工一次性享受工伤保险长期待遇的具体办法和标准由省（自治区、直辖市）社会保险行政部门制定，报省（自治区、直辖市）人民政府批准。

（2）根据《工伤保险经办规程》第五十九条规定，进城务工的农村居民申请一次性领取工伤保险长期待遇的，需本人和用人单位书面申请，业务部门应向其说明丧失按月领取长期待遇资格，并与待遇申请人签订一次性领取长期待遇协议，终止工伤保险关系。

（3）根据《人力资源社会保障部关于执行〈工伤保险条例〉若干问题的意见》第十三条规定，由工伤保险基金支付的各项待遇应按《工伤保险条例》相关规定支付，不得采取将长期待遇改为一次性支付的办法。

17. 企业破产、分立、合并、转让的工伤保险待遇

（1）根据《工伤保险条例》第四十三条规定，企业破产的，在破产清算时依法拨付应当由单位支付的工伤保险待遇费用。

（2）根据《工伤保险条例》第四十三条规定，用人单位分立、合并、转让的，承继单位应当承担原用人单位的工伤保险责任；原用人单位已经参加工伤保险的，承继单位应当到当地经办机构办理工伤保险变更登记。

二、工伤登记

1. 工伤登记审核内容

工伤登记审核内容和依据详见表 9—4。

表 9—4　　　　工伤登记审核内容和依据

编号	审核内容	依据
1	事故备案	《工伤保险经办规程》第五十三条
2	认定结果	《工伤保险经办规程》第五十三条
3	停工留薪期	《工伤保险经办规程》第五十四条
4	死亡（证明书或材料）	《工伤保险经办规程》第五十四条
5	劳动能力鉴定结论	《工伤保险经办规程》第五十五条

续表

编号	审核内容	依据
6	参保缴费	《工伤保险经办规程》第五十六条
7	认定申请时限	《工伤保险经办规程》第五十八条
8	申请人及劳动关系	《工伤保险经办规程》第五十七条、第六十条

2. 工伤事故备案

根据《工伤保险经办规程》第五十三条规定，职工发生事故伤害，用人单位可通过电话、传真、网络等方式及时向业务部门进行工伤事故备案，并根据事故发生经过和医疗救治情况，填写《工伤事故备案表》。

3. 工伤职工登记

根据《工伤保险经办规程》第五十四条规定，职工发生事故伤害或按照职业病防治法规定被诊断、鉴定为职业病，经社会保险行政部门认定工伤后，用人单位应及时到业务部门办理工伤职工登记，填写《工伤职工登记表》，并提供以下证件和资料：

（1）居民身份证原件及复印件；

（2）认定工伤决定书；

（3）工伤职工停工留薪期确认通知；

（4）省、自治区、直辖市经办机构规定的其他证件和资料。

停工留薪期内因工伤导致死亡的，还需提供居民死亡医学证明书或其他死亡证明材料。

4. 劳动能力鉴定登记

根据《工伤保险经办规程》第五十五条规定，工伤职工经劳动能力鉴定委员会鉴定伤残等级或护理等级后，用人单位应办理劳动能力鉴定登记，提供以下证件和资料：

（1）劳动能力鉴定结论书；

（2）省、自治区、直辖市经办机构规定的其他证件和资料。

5. 工伤职工参保缴费审核

根据《工伤保险经办规程》第五十六条规定，业务部门核查工伤职工的参保缴费情况，审核用人单位提供的证件与资料，核对工伤认定事实与事故备案是否相符，对符合相关条件的职工确认领取工伤待遇资格，进行工伤登记。

6. 劳动关系审核

（1）根据《工伤保险经办规程》第五十七条规定，职工被借调期间发生工伤事故的，或职工与用人单位解除或终止劳动关系后被确诊为职业病的，由原用人单位为其办理工伤登记。

（2）根据《工伤保险经办规程》第六十条规定，工伤职工因转移、解除或终止劳动关系，因工伤保险关系发生变动而变更工伤登记，相关用人单位填写《工伤保险关系变动表》并提供相关证明资料。

7. 工伤认定申请时间审核

根据《工伤保险经办规程》第五十八条规定，业务部门审核用人单位提出工伤认定申请时间，超出规定时限的，不支付此期间发生的工伤待遇等有关费用。

三、医疗（康复）待遇

1. 待遇项目及计发标准

医疗（康复）待遇项目计发基数、标准和支付方式详见表9—5。

表 9—5　医疗（康复）待遇项目计发基数、标准和支付方式

序号	项目	计发基数及标准	支付方式
1	工伤医疗费	签订服务协议的医疗机构内符合规定范围内的医疗费	基金支付
2	工伤康复费	签订服务协议的医疗机构内符合规定范围内的康复费	
3	住院治疗工伤的伙食补助费	职工治疗工伤的伙食费用，按当地标准支付	
4	到统筹地区以外就医交通、食宿费	经医疗机构出具证明，报经办机构同意，工伤职工到统筹地区以外就医所需的交通、食宿费用，按当地标准支付	

2. 工伤医疗待遇享受情形

根据《工伤保险条例》第三十条规定，职工因工作遭受事故伤害或者患职业病进行治疗，享受工伤医疗待遇。

3. 医疗（康复）待遇申请资料

根据《工伤保险经办规程》第六十一条规定，用人单位申报医疗（康复）费，填写《工伤医疗（康复）待遇申请表》并提供以下资料：

（1）医疗机构出具的伤害部位和程度的诊断证明；

（2）工伤职工的医疗（康复）票据、病历、清单、处方及检查报告；

（3）居住在统筹地区以外的工伤职工在居住地就医的，还需提供《工伤职工异地居住就医申请表》。

（4）工伤职工因旧伤复发就医的，还需提供《工伤职工旧伤复发申请表》。

（5）批准到统筹地区以外就医的工伤职工，还需提供《工伤职工转诊转院申请表》。

（6）省、自治区、直辖市经办机构规定的其他证件和资料。

4. 工伤医疗费用报销范围规定

根据《工伤保险条例》第三十条规定，治疗工伤所需费用符合“三目录”标准的，从工伤保险基金支付。“三目录”由国务院社会保险行政部门会同国务院卫生行政部门、食品药品监督管理部门等部门规定。

5. 医疗（康复）待遇审核内容

根据《工伤保险经办规程》第六十二条规定，业务部门审核医疗（康复）费的内容包括：

（1）各项检查治疗是否与工伤部位、职业病病情相符；

（2）是否符合工伤保险“三目录”的规定；

（3）是否符合工伤康复诊疗规范和工伤康复服务项目的规定；

（4）省、自治区、直辖市经办机构规定的其他需要审核的内容。

6. 工伤职工停工留薪期满仍需治疗的规定

根据《工伤保险条例》第三十三条规定，工伤职工在停工留薪期满后仍需治疗的，继续享受工伤医疗待遇。

7. 医疗（康复）待遇联网结算

根据《工伤保险经办规程》第六十三条规定，经办机构应推行与工伤保险协议机构的直接联网结算。

已登记的工伤职工持社会保障卡到工伤保险协议机构就诊，工伤保险协议机构按照服务协议传送就诊医疗（康复）费用明细，业务部门根据规定应对药品明细、治疗（康复）项目、检查项目、病程记录及医疗（康复）票据等进行网上审核。

8. 住院治疗工伤的伙食补助费

（1）根据《工伤保险条例》第三十条规定，职工住院治疗工伤的伙食补助费从工伤保险基金支付，基金支付的具体标准由统筹地区人民政府规定。

（2）根据《工伤保险经办规程》第六十四条规定，工伤职工住院治疗的，业务部门根据统筹地区人民政府规定的伙食补助费标准及工伤职工的住院天数，核定住院伙食补助费。

9. 统筹地区以外就医的交通、食宿费用

（1）根据《工伤保险条例》第三十条规定，经医疗机构出具证明，报经办机构同意，工伤职工到统筹地区以外就医所需的交通、食宿费用从工伤保险基金支付，基金支付的具体标准由统筹地区人民政府规定。

（2）根据《工伤保险经办规程》第六十四条规定，业务部门批准到统筹地区以外就医的，根据统筹地区人民政府规定的交通、食宿费标准，核定交通、食宿费用。

10. 疑似职业病人在诊断、医学观察期间的费用

根据《职业病防治法》第五十五条规定，疑似职业病病人在诊断、医学观察期间的费用，由用人单位承担。

11. 行政复议和行政诉讼期间的医疗费用

根据《工伤保险条例》第三十一条规定，社会保险行政部门作出认定为工伤的决定后发生行政复议、行政诉讼的，行政复议和行政诉讼期间不停止支付工伤职工治疗工伤的医疗费用。

12. 工伤职工治疗非工伤引发的疾病费用报销问题

根据《工伤保险条例》第三十条规定，工伤职工治疗非工伤引发的疾病，不享受工伤医疗待遇，按照基本医疗保险办法处理。

四、辅助器具配置费用

1. 辅助器具配置确认结论登记

根据《工伤保险辅助器具配置管理办法》第十二条规定，工伤职工收到劳动能力鉴定委员会予以配置的确认结论后，及时向经办机构进行登记，经办机构向工伤职工出具配置费用核付通知单，并告知下列事项：

（1）工伤职工应当到协议机构进行配置；

（2）确认配置的辅助器具最高支付限额和最低使用年限；

（3）工伤职工配置辅助器具超目录或者超出限额部分的费用，工伤保险基金不予支付。

2. 辅助器具配置

根据《工伤保险辅助器具配置管理办法》第十三条规定，工伤职工可以持配置费用核付通知单，选择协议机构配置辅助器具。

协议机构应当根据与经办机构签订的服务协议，为工伤职工提供配置服务，并如实记录工伤职工信息、配置器具产品信息、最高支付限额、最低使用年限以及实际配置费用等配置服务事项。

前款规定的配置服务记录经工伤职工签字后，分别由工伤职工和协议机构留存。

3. 辅助器具配置费用组成

根据《工伤保险辅助器具配置管理办法》第十五条规定，工伤职工配置辅助器具的费用包括安装、维修、训练等费用，按照规定由工伤保险基金支付。

4. 辅助器具配置（更换）申请资料

根据《工伤保险经办规程》第六十六条规定，工伤职工配置（更换）辅助器具，用人单位申报工伤职工的辅助器具配置费用时，应提供以下资料：

（1）工伤职工配置（更换）辅助器具申请表；

（2）配置辅助器具确认书；

（3）辅助器具配置票据；

（4）省、自治区、直辖市经办机构规定的其他证件和资料。

5. 到统筹地区以外配置辅助器具的交通、食宿费用

根据《工伤保险辅助器具配置管理办法》第十五条规定，经经办机构同意，工伤职工到统筹地区以外的协议机构配置辅助器具发生的交通、食宿费用，可以按照统筹地区人力资源和社会保障行政部门的规定，由工伤保险基金支付。

6. 辅助器具更换

根据《工伤保险辅助器具配置管理办法》第十六条规定，辅助器具达到规定的最低使用年限的，工伤职工可以按照统筹地区人力资源和社会保障行政部门的规定申请更换。

7. 工伤职工因伤情发生变化需要更换主要部件或者配置新的辅助器具的处理

根据《工伤保险辅助器具配置管理办法》第十六条规定，工伤职工因伤情发生变化，需要更换主要部件或者配置新的辅助器具的，经向劳动能力鉴定委员会重新提出确认申请并经确认后，由工伤保险基金支付配置费用。

8. 辅助器具配置机构违反规定侵害工伤职工合法权益的处理

根据《工伤保险辅助器具配置管理办法》第二十三条规定，工伤保险辅助器具配置机构违反国家规定的辅助器具配置管理服务标准，侵害工伤职工合法权益的，由民政、卫生健康行政部门在各自监管职责范围内依法处理。

9. 工伤保险基金不予支付辅助器具配置费用的情形

根据《工伤保险辅助器具配置管理办法》第二十四条规定，有下列情形之一的，经办机构不予支付配置费用：

（1）未经劳动能力鉴定委员会确认，自行配置辅助器具的；

（2）在非协议机构配置辅助器具的；

（3）配置辅助器具超目录或者超出限额部分的；

（4）违反规定更换辅助器具的。

10. 工伤职工或者其近亲属认为经办机构未依法支付辅助器具配置费用的处理

根据《工伤保险辅助器具配置管理办法》第二十五条规定，工伤职工或者其近亲属认为经办机构未依法支付辅助器具配置费用，或者协议机构认为经办机构未履行有关协议的，可以依法申请行政复议或者提起行政诉讼。

11. 辅助器具配置目录及最高支付限额

（1）根据《工伤保险辅助器具配置管理办法》第六条规定，人力资源和社会保障部根据社会经济发展水平、工伤职工日常生活和就业需要等，组织制定国家工伤保险辅助器具配置目录，确定配置项目、适用范围、最低使用年限等内容，并适时调整。

省、自治区、直辖市人力资源和社会保障行政部门可以结合本地区实际，在国家目录确定的配置项目基础上，制定省级工伤保险辅助器具配置目录，适当增加辅助器具配置项目，并确定本地区辅助器具配置最高支付限额等具体标准。

（2）根据《关于印发工伤保险辅助器具配置目录的通知》（人

社厅函〔2012〕381号）规定，各地可根据本地区工伤保险辅助器具配置工作开展情况、工伤保险基金支付能力等实际情况适当增加目录的品种。《工伤保险辅助器具配置目录》中辅助器具配置工伤保险基金最高支付限额，由各地社会保险行政部门根据本地区实际情况组织制定。

12. 用人单位、工伤职工或者其近亲属辅助器具配置弄虚作假骗取工伤保险待遇的处理

根据《工伤保险辅助器具配置管理办法》第二十九条规定，用人单位、工伤职工或者其近亲属骗取工伤保险待遇，辅助器具装配机构、医疗机构骗取工伤保险基金支出的，按照《工伤保险条例》第六十条的规定，由人力资源和社会保障行政部门责令退还，处骗取金额2倍以上5倍以下的罚款；情节严重，构成犯罪的，依法追究刑事责任。

五、伤残待遇

1. 工伤伤残待遇项目及计发标准

工伤伤残待遇项目、计发基数和标准及其支付方式详见表9—6。

表9—6 工伤伤残待遇项目、计发基数和标准及其支付方式

序号	项目	计发基数	计发标准		支付方式
1	生活护理费	统筹地区上年度职工月平均工资	完全不能自理	50%	基金定期支付
			大部分不能自理	40%	
			部分不能自理	30%	

续表

序号	项目	计发基数	计发标准		支付方式
2	一次性伤残补助金	本人工资	一级	27个月	基金支付
			二级	25个月	
			三级	23个月	
			四级	21个月	
			五级	18个月	
			六级	16个月	
			七级	13个月	
			八级	11个月	
			九级	9个月	
			十级	7个月	
3	伤残津贴	本人工资	一级	90%	基金定期支付
			二级	85%	
			三级	80%	
			四级	75%	
			五级	70%	保留劳动关系，难以安排工作的，由用人单位按月支付
			六级	60%	
4	一次性工伤医疗补助金	按各地具体制定的标准执行	五级至十级	按各地具体制定的标准执行	终结劳动关系和工伤保险关系时，基金支付

2. 生活护理费标准

根据《工伤保险条例》第三十四条规定，工伤职工已经评定伤残等级并经劳动能力鉴定委员会确认需要生活护理的，从工伤保险基金按月支付生活护理费。

生活护理费按照生活完全不能自理、生活大部分不能自理或者生活部分不能自理 3 个不同等级支付，其标准分别为统筹地区上年度职工月平均工资的 50%、40% 或者 30%。

3. 生活护理费计发的开始时点

根据《工伤保险经办规程》第八十条规定，生活护理费从做出劳动能力鉴定的结论次月起计发。

4. 一次性伤残补助金标准

根据《工伤保险条例》第三十五条、第三十六条、第三十七条规定，工伤保险基金按伤残等级支付一次性伤残补助金，标准详见表 9—6。

5. 伤残津贴待遇标准

（1）根据《工伤保险条例》第三十五条规定，职工因工致残被鉴定为一级至四级伤残的，保留劳动关系，退出工作岗位，按以下规定享受伤残津贴待遇：

从工伤保险基金按月支付伤残津贴，标准为：一级伤残为本人工资的 90%，二级伤残为本人工资的 85%，三级伤残为本人工资的 80%，四级伤残为本人工资的 75%。伤残津贴实际金额低于当地最低工资标准的，由工伤保险基金补足差额。

（2）根据《工伤保险条例》第三十六条规定，职工因工致残被鉴定为五级、六级伤残的，保留与用人单位的劳动关系，由用人单位安排适当工作。难以安排工作的，由用人单位按月发给伤残津贴，标准为：五级伤残为本人工资的70%，六级伤残为本人工资的60%，并由用人单位按照规定为其缴纳应缴纳的各项社会保险费。伤残津贴实际金额低于当地最低工资标准的，由用人单位补足差额。

6. 伤残津贴的计发起始时间

根据《工伤保险经办规程》第八十条规定，伤残津贴从作出劳动能力鉴定的结论次月起计发。

7. 一级至四级工伤职工达到退休年龄并办理退休手续后伤残津贴待遇

根据《工伤保险条例》第三十五条规定，工伤职工达到退休年龄并办理退休手续后，停发伤残津贴，按照国家有关规定享受基本养老保险待遇。基本养老保险待遇低于伤残津贴的，由工伤保险基金补足差额。

8. 伤残津贴的定期调整办法

根据《工伤保险条例》第四十条规定，伤残津贴由统筹地区社会保险行政部门根据职工平均工资和生活费用变化等情况适时调整。调整办法由省、自治区、直辖市人民政府规定。

9. 职工再次发生工伤根据规定应当享受伤残津贴的处理

根据《工伤保险条例》第四十五条规定，职工再次发生工伤，根据规定应当享受伤残津贴的，按照新认定的伤残等级享受伤残津贴待遇。

10. 一次性工伤医疗补助金标准

（1）根据《工伤保险条例》第三十六条规定，职工因工致残被鉴定为五级、六级伤残的，经工伤职工本人提出，该职工可以与用人单位解除或者终止劳动关系，由工伤保险基金支付一次性工伤医疗补助金，由用人单位支付一次性伤残就业补助金。一次性工伤医疗补助金和一次性伤残就业补助金的具体标准由省、自治区、直辖市人民政府规定。

（2）根据《工伤保险条例》第三十七条规定，职工因工致残被鉴定为七级至十级伤残的，劳动、聘用合同期满终止，或者职工本人提出解除劳动、聘用合同的，由工伤保险基金支付一次性工伤医疗补助金，由用人单位支付一次性伤残就业补助金。一次性工伤医疗补助金和一次性伤残就业补助金的具体标准由省、自治区、直辖市人民政府规定。

11. 一次性工伤医疗补助金计发起始时间

根据《工伤保险经办规程》第六十八条规定，工伤职工与用人单位解除或终止劳动关系时，业务部门根据解除或终止劳动关系的时间和伤残等级，按照省、自治区、直辖市人民政府制定的标准核定一次性工伤医疗补助金。

12. 职工在同一用人单位连续工作期间多次发生工伤的一次性伤残就业补助金

根据《人力资源社会保障部关于执行〈工伤保险条例〉若干问题的意见》第十条规定，职工在同一用人单位连续工作期间多次发生工伤的，符合《工伤保险条例》第三十六、第三十七条规定领取相关待遇时，按照其在同一用人单位发生工伤的最高伤残级别，计发一次性伤残就业补助金和一次性工伤医疗补助金。

六、工亡待遇

1. 工亡待遇项目及计发方式

工亡待遇计发基数、标准和支付方式详表9—7。

表9—7　　工亡待遇计发基数、标准和支付方式

<table>
<tr><th>序号</th><th>项目</th><th>计发基数</th><th colspan="2">计发标准</th><th>支付方式</th></tr>
<tr><td>1</td><td>丧葬补助金</td><td>统筹地区上年度职工月平均工资</td><td colspan="2">6个月</td><td rowspan="2">基金支付</td></tr>
<tr><td>2</td><td>一次性工亡补助金</td><td>上一年度全国城镇居民人均可支配收入</td><td colspan="2">20倍</td></tr>
<tr><td rowspan="3">3</td><td rowspan="3">供养亲属抚恤金</td><td rowspan="3">本人工资</td><td>配偶</td><td>40%</td><td rowspan="3">基金按月支付，符合工亡职工供养范围条件的亲属可领取</td></tr>
<tr><td>其他亲属</td><td>30%</td></tr>
<tr><td colspan="2">孤寡老人或者孤儿每人每月在上述标准的基础上增加10%，核定的各供养亲属的抚恤金之和不应高于因工死亡职工生前的工资</td></tr>
</table>

2. 丧葬补助金计发标准

根据《工伤保险条例》第三十九条规定，职工因工死亡，其近亲属按照规定从工伤保险基金领取丧葬补助金，丧葬补助金为6个月的统筹地区上年度职工月平均工资。

3. 丧葬补助金核定标准

根据《工伤保险经办规程》第六十九条规定，职工因工死亡或停工留薪期内因工伤导致死亡的，业务部门根据工亡时间统筹地区上年度职工月平均工资，核定丧葬补助金。

4. 同时符合工亡职工丧葬补助金和职工基本养老保险丧葬补助金的处理

根据《人力资源社会保障部关于执行〈工伤保险条例〉若干问题的意见（二）》第一条规定，一级至四级工伤职工死亡，其近亲属同时符合领取工伤保险丧葬补助金、供养亲属抚恤金待遇和职工基本养老保险丧葬补助金、抚恤金待遇条件的，由其近亲属选择领取工伤保险或职工基本养老保险其中一种。

5. 供养亲属抚恤金申请材料

根据《工伤保险经办规程》第七十条规定，申请领取供养亲属抚恤金的，应提供以下资料：

（1）居民身份证原件及复印件；

（2）与工亡职工关系证明；

（3）依靠工亡职工生前提供主要生活来源的证明；

（4）完全丧失劳动能力的提供劳动能力鉴定结论书；

（5）孤儿、孤寡老人提供民政部门相关证明；

（6）在校学生提供学校就读证明；

（7）省、自治区、直辖市经办机构规定的其他证件和资料。

供养亲属范围和条件根据国务院社会保险行政部门有关规定确定。

6. 供养亲属抚恤金计发标准

根据《工伤保险条例》第三十九条规定，职工因工死亡，其近亲属按照下列规定从工伤保险基金领取供养亲属抚恤金：供养亲属抚恤金按照职工本人工资的一定比例发给由因工死亡职工生前提供主要生活来源、无劳动能力的亲属。标准为：配偶每月40%，其他亲属每人每月30%，孤寡老人或者孤儿每人每月在上述标准的基础上增加10%。核定的各供养亲属的抚恤金之和不应高于因工死亡职工生前的工资。

7. 供养亲属抚恤金核定时点

根据《关于实施〈工伤保险条例〉若干问题的意见》第八条规定，职工因工死亡，其供养亲属享受抚恤金待遇的资格，按职工因工死亡时的条件核定。

8. 供养亲属抚恤金发放的起始时点

（1）根据《工伤保险经办规程》第八十条规定，供养亲属抚恤金从死亡的次月起计发，下落不明的从事故发生的第四个月起计发。

（2）根据《工伤保险条例》第四十一条规定，职工因工外出期间发生事故或者在抢险救灾中下落不明的，从事故发生当月起3个月内照发工资，从第四个月起停发工资，由工伤保险基金向其供养亲属按月支付供养亲属抚恤金。

9. 供养亲属抚恤金供养亲属具体范围

《因工死亡职工供养亲属范围规定》（劳动和社会保障部令第18号）第二条和第三条规定：

（1）因工死亡职工供养亲属，是指该职工的配偶、子女、父母、祖父母、外祖父母、孙子女、外孙子女、兄弟姐妹。

1）子女，包括婚生子女、非婚生子女、养子女和有抚养关系的继子女，其中，婚生子女、非婚生子女包括遗腹子女；

2）父母，包括生父母、养父母和有抚养关系的继父母；

3）兄弟姐妹，包括同父母的兄弟姐妹、同父异母或者同母异父的兄弟姐妹、养兄弟姐妹、有抚养关系的继兄弟姐妹。

（2）上条规定的人员，依靠因工死亡职工生前提供主要生活来源，并有下列情形之一的，可按规定申请供养亲属抚恤金。

1）完全丧失劳动能力的；

2）工亡职工配偶男年满 60 周岁、女年满 55 周岁的；

3）工亡职工父母男年满 60 周岁、女年满 55 周岁的；

4）工亡职工子女未满 18 周岁的；

5）工亡职工父母均已死亡，其祖父、外祖父年满 60 周岁，祖母、外祖母年满 55 周岁的；

6）工亡职工子女已经死亡或完全丧失劳动能力，其孙子女、外孙子女未满 18 周岁的；

7）工亡职工父母均已死亡或完全丧失劳动能力，其兄弟姐妹未满 18 周岁的。

10. 供养亲属停止享受抚恤金待遇情形

（1）根据《因工死亡职工供养亲属范围规定》第四条规定，领取抚恤金人员有下列情形之一的，停止享受抚恤金待遇：

1）年满 18 周岁且未完全丧失劳动能力的；

2）就业或参军的；

3）工亡职工配偶再婚的；

4）被他人或组织收养的；

5）死亡的。

（2）根据《因工死亡职工供养亲属范围规定》第五条规定，领取抚恤金的人员，在被判刑收监执行期间，停止享受抚恤金待遇。刑满释放仍符合领取抚恤金资格的，按规定的标准享受抚恤金。

11. 工亡职工供养亲属享受抚恤金待遇的资格的核定及鉴定

根据《因工死亡职工供养亲属范围规定》第六条规定，因工死亡职工供养亲属享受抚恤金待遇的资格，由统筹地区社会保险经办机构核定。

因工死亡职工供养亲属的劳动能力鉴定，由因工死亡职工生前单位所在地设区的市级劳动能力鉴定委员会负责。

12. 工亡职工近亲属同时符合领取工伤保险供养亲属抚恤金和职工基本养老保险抚恤金待遇条件的处理

根据《人力资源社会保障部关于执行〈工伤保险条例〉若干问题的意见（二）》第一条规定，一级至四级工伤职工死亡，其近亲属同时符合领取工伤保险丧葬补助金、供养亲属抚恤金待遇和职工基本养老保险丧葬补助金、抚恤金待遇条件的，由其近亲属选择领取工伤保险或职工基本养老保险其中一种。

13. 供养亲属抚恤金定期调整办法

根据《工伤保险条例》第四十条规定，供养亲属抚恤金由统筹地区社会保险行政部门根据职工平均工资和生活费用变化等情况适时调整。调整办法由省、自治区、直辖市人民政府规定。

14. 一次性工亡补助金标准

（1）根据《工伤保险条例》第三十九条规定，职工因工死亡，其近亲属按照下列规定从工伤保险基金领取一次性工亡补助金：一次性工亡补助金标准为上一年度全国城镇居民人均可支配收入的20倍。

（2）根据《工伤保险经办规程》第六十九条规定，职工因工死亡或停工留薪期内因工伤导致死亡的，业务部门根据工亡时间上年度全国城镇居民人均可支配收入，核定一次性工亡补助金。

（3）根据《实施〈中华人民共和国社会保险法〉若干规定》第十一条规定，《社会保险法》第三十八条第八项中的因工死亡补助金是指《工伤保险条例》第三十九条的一次性工亡补助金，标准为工伤发生时上一年度全国城镇居民人均可支配收入的20倍。

15. 一次性工亡补助金的数据标准

根据《实施〈中华人民共和国社会保险法〉若干规定》第十一条规定，上一年度全国城镇居民人均可支配收入以国家统计局公布的数据为准。

16. 职工因工外出期间发生事故或者在抢险救灾中下落不明的处理

（1）根据《工伤保险条例》第四十一条规定，职工因工外出期间发生事故或者在抢险救灾中下落不明的，从事故发生当月起3个月内照发工资，从第四个月起停发工资，由工伤保险基金向其供养亲属按月支付供养亲属抚恤金。生活有困难的，可以预支一次性工亡补助金的50%。职工被人民法院宣告死亡的，按照该条例第三十九条职工因工死亡的规定处理。

（2）根据《工伤保险经办规程》第七十一条规定，职工因工外出期间发生事故或在抢险救灾中造成下落不明被认定为工亡的，业务部门应在第四个月审核用人单位的证明和近亲属的申请资料，核定供养亲属抚恤金。

职工被人民法院宣告死亡的，业务部门核定其一次性工亡补助金和丧葬补助金。生活有困难的，经近亲属申请，可按照一次性工亡补助金的50%先进行核定，宣告死亡后核定其剩余的一次性工亡补助金和丧葬补助金。

17. 一级至四级伤残职工停工留薪期满死亡的工伤保险待遇

根据《工伤保险条例》第三十九条规定，一级至四级伤残职工在停工留薪期满后死亡的，其近亲属可以享受本条第一款第（一）项、第（二）项规定的待遇，即丧葬补助金及供养亲属抚恤金，不享受一次性工亡补助金。

七、用人单位承担的工伤保险待遇

1. 用人单位承担的工伤保险待遇项目及政策依据

用人单位承担的工伤保险待遇项目及政策依据详见表9—8。

表9—8　用人单位承担的工伤保险待遇项目及政策依据

序号	用人单位承担的工伤保险待遇项目	依据
1	停工留薪期工资福利待遇	《工伤保险条例》第三十三条
2	停工留薪期内护理费用	《工伤保险条例》第三十三条
3	五级至六级职工难以安排工作的伤残津贴	《工伤保险条例》第三十六条
4	一次性伤残就业补助金	《工伤保险条例》第三十六条、第三十七条

2. 停工留薪期内原工资福利待遇

根据《工伤保险条例》第三十三条规定，职工因工作遭受事故伤害或者患职业病需要暂停工作接受工伤医疗的，在停工留薪期内，原工资福利待遇不变，由所在单位按月支付。

3. 停工留薪期内需要护理的护理费

根据《工伤保险条例》第三十三条规定，生活不能自理的工伤职工在停工留薪期需要护理的，由所在单位负责。

4. 五级、六级工伤职工难以安排工作的伤残津贴

根据《工伤保险条例》第三十六条规定，职工因工致残被鉴定为五级、六级伤残的，保留与用人单位的劳动关系，由用人单位安排适当工作。难以安排工作的，由用人单位按月发给伤残津贴，标准为：五级伤残为本人工资的70%，六级伤残为本人工资的60%，并由用人单位按照规定为其缴纳应缴纳的各项社会保险费。伤残津贴实际金额低于当地最低工资标准的，由用人单位补足差额。

5. 一次性伤残就业补助金标准

（1）根据《工伤保险条例》第三十六条规定，职工因工致残被鉴定为五级、六级伤残的，经工伤职工本人提出，该职工可以与用人单位解除或者终止劳动关系，由工伤保险基金支付一次性工伤医疗补助金，由用人单位支付一次性伤残就业补助金。一次性工伤医疗补助金和一次性伤残就业补助金的具体标准由省、自治区、直辖市人民政府规定。

（2）根据《工伤保险条例》第三十七条规定，职工因工致残被鉴定为七级至十级伤残的，劳动、聘用合同期满终止，或者职

工本人提出解除劳动、聘用合同的，由工伤保险基金支付一次性工伤医疗补助金，由用人单位支付一次性伤残就业补助金。一次性工伤医疗补助金和一次性伤残就业补助金的具体标准由省、自治区、直辖市人民政府规定。

6. 一次性伤残就业补助金计发起始时间

根据《工伤保险经办规程》第六十八条规定，工伤职工与用人单位解除或终止劳动关系时，业务部门根据解除或终止劳动关系的时间和伤残等级，按照省、自治区、直辖市人民政府制定的标准核定一次性工伤医疗补助金。

7. 职工在同一用人单位连续工作期间多次发生工伤的一次性伤残就业补助金

根据《人力资源社会保障部关于执行〈工伤保险条例〉若干问题的意见》第十条规定，职工在同一用人单位连续工作期间多次发生工伤的，符合《工伤保险条例》第三十六条、第三十七条规定领取相关待遇时，按照其在同一用人单位发生工伤的最高伤残级别，计发一次性伤残就业补助金和一次性工伤医疗补助金。

八、其他情形工伤保险待遇

1. 涉及第三人的工伤保险待遇

根据《最高人民法院关于审理工伤保险行政案件若干问题的规定》第八条规定，职工因第三人的原因受到伤害，社会保险行政部门已经作出工伤认定，职工或者其近亲属未对第三人提起民事诉讼或者尚未获得民事赔偿，起诉要求社会保险经办机构支付工伤保险待遇的，人民法院应予支持。

根据《最高人民法院关于审理工伤保险行政案件若干问题的规定》第八条规定，职工因第三人的原因导致工伤，社会保险经办机构以职工或者其近亲属已经对第三人提起民事诉讼为由，拒绝支付工伤保险待遇的，人民法院不予支持，但第三人已经支付的医疗费用除外。

2. 涉及第三人的工伤保险待遇审核资料要求

根据《工伤保险经办规程》第七十三条规定，涉及第三人责任的，业务部门审核工伤待遇时，还应审核以下民事伤害赔偿法律文书：

（1）属于交通事故或者城市轨道交通、客运轮渡、火车事故的，需提供相关的事故责任认定书、事故民事赔偿调解书；

（2）属于遭受暴力伤害的，需提供公安机关出具的遭受暴力伤害证明和赔偿证明资料；

（3）经人民法院判决或调解的，需提供民事判决书或民事调解书等证明资料；

（4）省、自治区、直辖市经办机构规定的其他证件和资料。

3. 涉及第三人的工伤保险待遇不重复享受

根据《工伤保险经办规程》第七十四条规定，业务部门根据民事伤害赔偿法律文书确定的医疗费与工伤待遇中的医疗费比较，不足部分予以补足，其工伤医疗待遇不得重复享受。

4. 工伤保险待遇先行支付的适用情形

（1）根据《工伤保险经办规程》第七十八条规定，职工申请工伤保险先行支付必须经过工伤认定，按照本规程第五十四条由用人单位、工伤职工或近亲属申请进行工伤登记。

（2）根据《社会保险基金先行支付暂行办法》（人力资源和社会保障部令第15号）第四条规定，个人由于第三人的侵权行为造成伤病被认定为工伤，第三人不支付工伤医疗费用或者无法确定第三人的，个人或者其近亲属可以持工伤认定决定书和有关材料向社会保险经办机构书面申请工伤保险基金先行支付，并告知第三人不支付或者无法确定第三人的情况。

（3）根据《社会保险基金先行支付暂行办法》第六条规定，职工所在用人单位未依法缴纳工伤保险费，发生工伤事故的，用人单位应当采取措施及时救治，并按照规定的工伤保险待遇项目和标准支付费用。

职工被认定为工伤后，有下列情形之一的，职工或者其近亲属可以持工伤认定决定书和有关材料向社会保险经办机构书面申请先行支付工伤保险待遇：

1）用人单位被依法吊销营业执照或者撤销登记、备案的；

2）用人单位拒绝支付全部或者部分费用的；

3）依法经仲裁、诉讼后仍不能获得工伤保险待遇，法院出具中止执行文书的；

4）职工认为用人单位不支付的其他情形。

5. 未依法缴纳工伤保险费的用人单位申请先行支付需提供的资料

（1）根据《工伤保险经办规程》第七十五条规定，按照《社会保险基金先行支付暂行办法》，未依法缴纳工伤保险费的用人单位申请先行支付，需提供以下资料：

1）社会保险登记证、工伤保险实缴清单或还欠协议；

2）认定工伤决定书；

3）先行支付书面申请资料；

4）省、自治区、直辖市经办机构规定的其他资料。

（2）根据《工伤保险经办规程》第七十五条规定，用人单位拒不支付工伤待遇，工伤职工或近亲属申请先行支付的，需提供以下资料：

1）工伤职工与用人单位的劳动关系证明；

2）社会保险行政部门出具的用人单位拒不支付证明材料；

3）认定工伤决定书；

4）工伤职工或近亲属先行支付书面申请资料；

5）省、自治区、直辖市经办机构规定的其他资料。

6. 涉及第三人责任申请先行支付，第三人不支付工伤医疗费用或者无法确定第三人的资料要求

根据《工伤保险经办规程》第七十六条规定，按照《社会保险基金先行支付暂行办法》，涉及第三人责任申请先行支付的，第三人不支付工伤医疗费用或者无法确定第三人的，业务部门审核以下资料：

（1）认定工伤决定书；

（2）工伤职工或近亲属先行支付书面申请资料；

（3）人民法院出具的民事判决书等材料；

（4）对肇事逃逸、暴力伤害等无法确定第三人的，需提供公安机关出具的证明材料；

（5）由社会保险行政部门提供的第三人不予支付的证明材料；

（6）由职工基本医疗保险先行支付的情况材料；

（7）省、自治区、直辖市经办机构规定的其他资料。

7. 个人申请先行支付申请材料要求

根据《社会保险基金先行支付暂行办法》第十条规定，个人

申请先行支付医疗费用、工伤医疗费用或者工伤保险待遇的，应当提交所有医疗诊断、鉴定等费用的原始票据等证据。社会保险经办机构应当保留所有原始票据等证据，要求申请人在先行支付凭据上签字确认，凭原始票据等证据先行支付医疗费用、工伤医疗费用或者工伤保险待遇。

8. 由于第三人的侵权行为造成伤病被认定为工伤，第三人不支付工伤医疗费用或者无法确定第三人的处理

根据《社会保险基金先行支付暂行办法》第五条规定，社会保险经办机构接到个人根据第四条规定提出的申请后，应当审查个人获得基本医疗保险基金先行支付和其所在单位缴纳工伤保险费等情况，并按照下列情形分别处理：

（1）对于个人所在用人单位已经依法缴纳工伤保险费，且在认定工伤之前基本医疗保险基金有先行支付的，社会保险经办机构应当按照工伤保险有关规定，用工伤保险基金先行支付超出基本医疗保险基金先行支付部分的医疗费用，并向基本医疗保险基金退还先行支付的费用。

（2）对于个人所在用人单位已经依法缴纳工伤保险费，在认定工伤之前基本医疗保险基金无先行支付的，社会保险经办机构应当用工伤保险基金先行支付工伤医疗费用。

（3）对于个人所在用人单位未依法缴纳工伤保险费，且在认定工伤之前基本医疗保险基金有先行支付的，社会保险经办机构应当在3个工作日内向用人单位发出书面催告通知，要求用人单位在5个工作日内依法支付超出基本医疗保险基金先行支付部分的医疗费用，并向基本医疗保险基金偿还先行支付的医疗费用。用人单位在规定时间内不支付其余部分医疗费用的，社会保险经办机构应当用工伤保险基金先行支付。

（4）对于个人所在用人单位未依法缴纳工伤保险费，在认定工伤之前基本医疗保险基金无先行支付的，社会保险经办机构应当在 3 个工作日内向用人单位发出书面催告通知，要求用人单位在 5 个工作日内依法支付全部工伤医疗费用；用人单位在规定时间内不支付的，社会保险经办机构应当用工伤保险基金先行支付。

9. 先行支付申请审核及受理决定

根据《社会保险基金先行支付暂行办法》第九条规定，个人或者其近亲属提出先行支付医疗费用、工伤医疗费用或者工伤保险待遇申请，社会保险经办机构经审核不符合先行支付条件的，应当在收到申请后 5 个工作日内作出不予先行支付的决定，并书面通知申请人。

10. 个人可向社会保险经办机构索取报销票据复印件

根据《社会保险基金先行支付暂行办法》第十条规定，个人因向第三人或者用人单位请求赔偿需要医疗费用、工伤医疗费用或者工伤保险待遇的原始票据等证据的，可以向社会保险经办机构索取复印件，并将第三人或者用人单位赔偿情况及时告知社会保险经办机构。

11. 个人应当主动退还先行支付的工伤保险待遇的情形

根据《社会保险基金先行支付暂行办法》第十一条规定，个人已经从第三人或者用人单位处获得医疗费用、工伤医疗费用或者工伤保险待遇的，应当主动将先行支付金额中应当由第三人承担的部分或者工伤保险基金先行支付的工伤保险待遇退还给基本医疗保险基金或者工伤保险基金，社会保险经办机构不再向第三人或者用人单位追偿。

个人拒不退还的，社会保险经办机构可以从以后支付的相关待遇中扣减其应当退还的数额，或者向人民法院提起诉讼。

12. 工伤保险基金先行支付工伤保险待遇后责令用人单位偿还

根据《社会保险基金先行支付暂行办法》第十三条规定，社会保险经办机构按照本办法第五条第三项、第四项和第六条、第七条、第八条的规定先行支付工伤保险待遇后，应当责令用人单位在10日内偿还。

用人单位逾期不偿还的，社会保险经办机构可以按照《社会保险法》第六十三条的规定，向银行和其他金融机构查询其存款账户，申请县级以上社会保险行政部门作出划拨应偿还款项的决定，并书面通知用人单位开户银行或者其他金融机构划拨其应当偿还的数额。

用人单位账户余额少于应当偿还数额的，社会保险经办机构可以要求其提供担保，签订延期还款协议。

用人单位未按时足额偿还且未提供担保的，社会保险经办机构可以申请人民法院扣押、查封、拍卖其价值相当于应当偿还数额的财产，以拍卖所得偿还所欠数额。

13. 社保经办机构追偿工伤待遇发生的费用及利息等由用人单位承担

根据《社会保险基金先行支付暂行办法》第十四条规定，社会保险经办机构向用人单位追偿工伤保险待遇发生的合理费用以及用人单位逾期偿还部分的利息损失等，应当由用人单位承担。

14. 工伤保险待遇先行支付中的违法问题及争议处理

（1）根据《社会保险基金先行支付暂行办法》第十五条规定，用人单位不支付依法应当由其支付的工伤保险待遇项目的，职工可以依法申请仲裁、提起诉讼。

（2）根据《社会保险基金先行支付暂行办法》第十六条规定，个人隐瞒已经从第三人或者用人单位处获得医疗费用、工伤医疗费用或者工伤保险待遇，向社会保险经办机构申请并获得社会保险基金先行支付的，按照《社会保险法》第八十八条的规定处理：由社会保险行政部门责令退回骗取的社会保险金，处骗取金额2倍以上5倍以下的罚款。

（3）根据《社会保险基金先行支付暂行办法》第十七条规定，用人单位对社会保险经办机构作出先行支付的追偿决定不服或者对社会保险行政部门作出的划拨决定不服的，可以依法申请行政复议或者提起行政诉讼。

（4）根据《社会保险基金先行支付暂行办法》第十七条规定，个人或者其近亲属对社会保险经办机构作出不予先行支付的决定不服或者对先行支付的数额不服的，可以依法申请行政复议或者提起行政诉讼。

15. 未参保职工参保并补缴应当缴纳的工伤保险费、滞纳金后工伤保险基金支付新发生的费用

（1）根据《工伤保险条例》第六十二条规定，用人单位参加工伤保险并补缴应当缴纳的工伤保险费、滞纳金后，由工伤保险基金和用人单位依照本条例的规定支付新发生的费用。

（2）根据《人力资源社会保障部关于执行〈工伤保险条例〉若干问题的意见》第十二条规定，《工伤保险条例》第六十二条

第三款规定的“新发生的费用”，是指用人单位职工参加工伤保险前发生工伤的，在参加工伤保险后新发生的费用。

（3）根据《人力资源社会保障部关于执行〈工伤保险条例〉若干问题的意见（二）》第三条规定，《工伤保险条例》第六十二条规定的“新发生的费用”，是指用人单位参加工伤保险前发生工伤的职工，在参加工伤保险后新发生的费用。其中由工伤保险基金支付的费用，按不同情况予以处理：

1）因工受伤的，支付参保后新发生的工伤医疗费，工伤康复费，住院伙食补助费，统筹地区以外就医交通、食宿费，辅助器具配置费，生活护理费，一级至四级伤残职工伤残津贴，以及参保后解除劳动合同时的一次性工伤医疗补助金；

2）因工死亡的，支付参保后新发生的符合条件的供养亲属抚恤金（详见表9—9）。

表9—9　新发生的工伤类别与待遇项目

类别	序号	新发生的工伤保险待遇项目
伤残	1	工伤医疗费
	2	工伤康复费
	3	住院伙食补助费
	4	统筹地区以外就医交通、食宿费
	5	辅助器具装配费
	6	生活护理费
	7	一级至四级职工伤残津贴
	8	参保后解除劳动合同时一次性工伤医疗补助金
死亡	9	供养亲属抚恤金

（4）新发生的费用，按各项待遇产生的时点开始支付，具体参见各待遇支付起始时点对应的规定。

九、工伤保险待遇权益维护

1. 铁路企业职工工伤保险待遇

根据《关于铁路企业参加工伤保险有关问题的通知》规定：

（1）铁路企业要按照属地管理原则参加工伤保险，执行国家和企业所在地的工伤保险政策。铁路运输企业以铁路局或铁路分局为单位集中参加铁路局或铁路分局所在地统筹地区的工伤保险。

（2）《工伤保险条例》实施前已确认的铁路工伤人员和工亡人员供养亲属享受的工伤保险待遇，应纳入工伤保险管理。具体纳入方式和步骤由铁路企业与所在地省、自治区、直辖市社会保险行政部门协商确定。

（3）各省、自治区、直辖市社会保险行政部门要认真做好铁路企业参加工伤保险的组织实施工作，加强对铁路企业参保工作的指导和监督，结合铁路行业特点和企业及其职工的分布，制定管理办法，方便铁路企业工伤人员的救治、工伤认定、劳动能力鉴定及待遇支付管理。

2. 关于建筑业用工人员工伤保险待遇

（1）根据《进一步做好建筑业工伤保险工作的意见》第七条规定，完善工伤保险待遇支付政策。对认定为工伤的建筑业职工，各级社会保险经办机构和用人单位应依法按时足额支付各项工伤保险待遇。对在参保项目施工期间发生工伤、项目竣工时尚未完成工伤认定或劳动能力鉴定的建筑业职工，其所在用人单位要继续保证其医疗救治和停工期间的法定待遇，待完成工伤认定及劳动能力鉴定后，依法享受参保职工的各项工伤保险待遇；其中应由用人单位支付的待遇，工伤职工所在用人单位要按时足额支付，也可根据其意愿一次性支付。针对建筑业工资收入分配的特点，对相关工伤保险待遇中难以按本人工资作为计发基数的，可以参照统筹地区上年度职工平均工资作为计发基数。

（2）根据《进一步做好建筑业工伤保险工作的意见》第八条规定，落实工伤保险先行支付政策。未参加工伤保险的建设项目，职工发生工伤事故，依法由职工所在用人单位支付工伤保险待遇，施工总承包单位、建设单位承担连带责任；用人单位和承担连带责任的施工总承包单位、建设单位不支付的，由工伤保险基金先行支付，用人单位和承担连带责任的施工总承包单位、建设单位应当偿还；不偿还的，由社会保险经办机构依法追偿。

（3）根据《进一步做好建筑业工伤保险工作的意见》第九条规定，建立健全工伤赔偿连带责任追究机制。建设单位、施工总承包单位或具有用工主体资格的分包单位将工程（业务）发包给不具备用工主体资格的组织或个人，该组织或个人招用的劳动者发生工伤的，发包单位与不具备用工主体资格的组织或个人承担连带赔偿责任。

3. 关于中央企业职工工伤保险待遇

根据《关于进一步做好中央企业工伤保险工作有关问题的通知》第三条规定，《工伤保险条例》实施前中央企业已确认并享受工伤待遇的伤残职工及工亡人员供养亲属应同步纳入工伤保险管理。具体纳入方式和步骤，由中央企业与所在地省、自治区、直辖市社会保险行政部门协商确定。

4. 一级至四级工伤职工的基本医疗保障

根据《工伤保险条例》第三十五条规定，职工因工致残被鉴定为一级至四级伤残的，由用人单位和职工个人以伤残津贴为基数，缴纳基本医疗保险费。

第十章 工伤保险个人权益记录及查询

一、个人权益记录及查询概述

1. 社会保险个人权益记录的内容

工伤保险作为社会保险重要险种之一，其权益记录及查询依据《社会保险个人权益记录管理办法》（人力资源和社会保障部令第 14 号）的规定执行。该办法的第二条规定，社会保险个人权益记录，是指以纸质材料和电子数据等载体记录的反映参保人员及其用人单位履行社会保险义务、享受社会保险权益状况的信息，包括下列内容：

（1）参保人员及其用人单位社会保险登记信息；

（2）参保人员及其用人单位缴纳社会保险费、获得相关补贴的信息；

（3）参保人员享受社会保险待遇资格及领取待遇的信息；

（4）参保人员缴费年限和个人账户信息；

（5）其他反映社会保险个人权益的信息。

2. 社会保险个人权益记录查询服务

（1）根据《社会保险个人权益记录管理办法》第十四条规

定，社会保险经办机构应当向参保人员及其用人单位开放社会保险个人权益记录查询程序，界定可供查询的内容，通过社会保险经办机构网点、自助终端或者电话、网站等方式提供查询服务。

（2）根据《社会保险个人权益记录管理办法》第十五条规定，社会保险经办机构网点应当设立专门窗口向参保人员及其用人单位提供免费查询服务。

二、个人权益记录及查询办理

1. 社会保险个人权益记录查询要求

（1）根据《社会保险个人权益记录管理办法》第十五条规定，参保人员向社会保险经办机构查询本人社会保险个人权益记录的，需持本人有效身份证件；参保人员委托他人向社会保险经办机构查询本人社会保险个人权益记录的，被委托人需持书面委托材料和本人有效身份证件。需要书面查询结果或者出具本人参保缴费、待遇享受等书面证明的，社会保险经办机构应当按照规定提供。

（2）根据《社会保险个人权益记录管理办法》第十九条规定，其他申请查询社会保险个人权益记录的单位，应当向社会保险经办机构提出书面申请。申请应当包括下列内容：

1）申请单位的有效证明文件、单位名称、联系方式；

2）查询目的和法律依据；

3）查询的内容。

2. 社会保险经办机构对其他申请查询社会保险个人权益记录的单位查询处理

根据《社会保险个人权益记录管理办法》第二十条规定，社会保险经办机构收到依前条规定提出的查询申请后，应当进行审核，并按照下列情形分别作出处理：

（1）对依法应当予以提供的，按照规定程序提供；

（2）对无法律依据的，应当向申请人作出说明。

三、个人权益记录及查询权益维护

1. 社会保险个人权益记录存在异议处理

根据《社会保险个人权益记录管理办法》第十六条规定，参保人员或者用人单位对社会保险个人权益记录存在异议时，可以向社会保险经办机构提出书面核查申请，并提供相关证明材料。社会保险经办机构应当进行复核，确实存在错误的，应当改正。

2. 社会保险个人权益记录查询法律责任

（1）根据《社会保险个人权益记录管理办法》第二十七条规定，人力资源和社会保障行政部门及其他有关行政部门、司法机关违反保密义务的，应当依法承担法律责任。

（2）根据《社会保险个人权益记录管理办法》第二十八条规定，社会保险经办机构、信息机构及其工作人员有下列行为之一的，由人力资源和社会保障行政部门责令改正；对直接负责的主管人员和其他直接责任人员依法给予处分；给社会保险基金、用人单位或者个人造成损失的，依法承担赔偿责任；构成违反治安管理行为的，由公安机关依法予以处罚；构成犯罪的，依法追究刑事责任：

1）未及时、完整、准确记载社会保险个人权益信息的；

2）系统管理员、数据库管理员兼职业务经办用户或者信息查询用户的；

3）与用人单位或者个人恶意串通，伪造、篡改社会保险个人权益记录或者提供虚假社会保险个人权益信息的；

4）丢失、破坏、违反规定销毁社会保险个人权益记录的；

5）擅自提供、复制、公布、出售或者变相交易社会保险个人权益记录的；

6）违反安全管理规定，将社会保险个人权益数据委托其他单位或个人单独管理和维护的。

（3）根据《社会保险个人权益记录管理办法》第二十九条规定，社会保险服务机构、信息技术服务商以及按照本办法第十九条规定获取个人权益记录的单位及其工作人员，将社会保险个人权益记录用于与社会保险经办机构约定以外用途，或者造成社会保险个人权益信息泄露的，依法对直接负责的主管人员和其他直接责任人员给予处分；给社会保险基金、用人单位或者个人造成损失的，依法承担赔偿责任；构成违反治安管理行为的，由公安机关依法予以处罚；构成犯罪的，依法追究刑事责任。

（4）根据《社会保险个人权益记录管理办法》第三十条规定，任何组织和个人非法提供、复制、公布、出售或者变相交易社会保险个人权益记录，有违法所得的，由人力资源和社会保障行政部门没收违法所得；属于社会保险服务机构、信息技术服务商的，可由社会保险经办机构与其解除服务协议；依法对直接负责的主管人员和其他直接责任人员给予处分；给社会保险基金、用人单位或者个人造成损失的，依法承担赔偿责任；构成违反治安管理行为的，由公安机关依法予以处罚；构成犯罪的，依法追究刑事责任。

附录一　不同伤残等级（因工死亡）情况下工伤保险待遇

一、工伤保险待遇一览表

序号	待遇项目	计发基数及标准	支付方式
1	工伤医疗费	签订服务协议的医疗机构内符合规定范围内的医疗费	参保：基金支付 非参保：用人单位支付
2	工伤康复费	签订服务协议的医疗机构内符合规定范围内的康复费	
3	住院治疗工伤的伙食补助费	职工治疗工伤的伙食费用，按当地标准支付	
4	到统筹地区以外就医交通、食宿费	经医疗机构出具证明，报经办机构同意，工伤职工到统筹地区以外就医所需的交通、食宿费用，按当地标准支付	
5	辅助器具装配费	经劳动能力鉴定委员会确认需安装辅助器具的，发生符合支付标准的辅助器具配置费用	
6	停工留薪期工资福利待遇	停工留薪期间，按原工资福利待遇	参保、非参保均由用人单位支付
7	停工留薪期内护理费	生活不能自理的工伤职工在停工留薪期间需要护理的	

续表

序号	待遇项目	计发基数及标准			支付方式
8	生活护理费	统筹地区上年度职工月平均工资	完全不能自理	50%	参保：基金定期支付 非参保：用人单位支付
			大部分不能自理	40%	
			部分不能自理	30%	
9	一次性伤残补助金	本人工资	一级	27个月	参保：基金支付 非参保：用人单位支付
			二级	25个月	
			三级	23个月	
			四级	21个月	
			五级	18个月	
			六级	16个月	
			七级	13个月	
			八级	11个月	
			九级	9个月	
			十级	7个月	
10	伤残津贴	本人工资	一级	90%	参保：基金定期支付 非参保：用人单位支付
			二级	85%	
			三级	80%	
			四级	75%	
			五级	70%	保留劳动关系，难以安排工作的，由用人单位按月支付
			六级	60%	

续表

<table>
<tr><th>序号</th><th>待遇项目</th><th colspan="3">计发基数及标准</th><th>支付方式</th></tr>
<tr><td>11</td><td>一次性工伤医疗补助金</td><td>按各地具体制定的标准执行</td><td>五级至十级</td><td>按各地具体制定的标准执行</td><td>终结关系时参保人由基金支付，非参保人由用人单位支付</td></tr>
<tr><td>12</td><td>一次性伤残就业补助金</td><td>按各地具体制定的标准执行</td><td>五级至十级</td><td>按各地具体制定的标准执行</td><td>终结关系时参保、非参保均由用人单位支付</td></tr>
<tr><td>13</td><td>丧葬补助金</td><td>统筹地区上年度职工月平均工资</td><td colspan="2">6 个月</td><td rowspan="2">参保：基金支付
非参保：用人单位支付</td></tr>
<tr><td>14</td><td>一次性工亡补助金</td><td>上一年度全国城镇居民人均可支配收入</td><td colspan="2">20 倍</td></tr>
<tr><td rowspan="3">15</td><td rowspan="3">供养亲属抚恤金</td><td rowspan="3">本人工资</td><td>配偶</td><td>40%</td><td rowspan="3">参保：基金按月支付
非参保：用人单位支付
符合工亡职工供养范围条件的亲属可领取</td></tr>
<tr><td>其他亲属</td><td>30%</td></tr>
<tr><td colspan="2">孤寡老人或者孤儿每人每月在上述标准的基础上增加10%，核定的各供养亲属的抚恤金之和不应高于因工死亡职工生前的工资</td></tr>
</table>

二、不同伤残等级情况下工伤保险待遇

1. 一级伤残职工可能涉及的工伤保险待遇

编号	项目	计算公式	支付方	支付方式	备注
1	工伤医疗费	可报销部分费用 ×100%	参保：基金 非参保：用人单位	一次性	—
2	工伤康复费	可报销部分费用 ×100%			
3	住院治疗工伤的伙食补助费	住院时间（天）× 当地标准			
4	到统筹地区以外就医交通、食宿费	按当地标准			
5	辅助器具装配费	不超过上限标准 ×100%			
6	一次性伤残补助金	本人工资（元/月）×27个月			
7	伤残津贴	本人工资（元/月）×90%		按月	不低于最低工资标准
8	生活护理费	统筹地区上年度职工月平均工资 × 相应护理等级百分比			—
9	停工留薪期工资福利	停工留薪期（月）× 原工资福利标准 ×100%	参保、非参保均由用人单位支付	按月或一次性	原工资福利待遇不变
10	停工留薪期内护理费	停工留薪期（月）× 月核定的护理费 ×100%			—

2. 二级伤残职工可能涉及的工伤保险待遇

编号	项目	计算公式	支付方	支付方式	备注
1	工伤医疗费	可报销部分费用 ×100%	参保：基金 非参保：用人单位	一次性	—
2	工伤康复费	可报销部分费用 ×100%			
3	住院治疗工伤的伙食补助费	住院时间（天）× 当地标准			
4	到统筹地区以外就医交通、食宿费	按当地标准			
5	辅助器具装配费	不超过上限标准 ×100%			
6	一次性伤残补助金	本人工资（元/月）×25个月			
7	伤残津贴	本人工资（元/月）×85%		按月	不低于最低工资标准
8	生活护理费	统筹地区上年度职工月平均工资 × 相应护理等级百分比			—
9	停工留薪期工资福利	停工留薪期（月）× 原工资福利标准 ×100%	参保、非参保均由用人单位支付	按月或一次性	原工资福利待遇不变
10	停工留薪期内护理费	停工留薪期（月）× 月核定的护理费 ×100%			—

3. 三级伤残职工可能涉及的工伤保险待遇

编号	项目	计算公式	支付方	支付方式	备注
1	工伤医疗费	可报销部分费用 ×100%	参保：基金 非参保：用人单位	一次性	—
2	工伤康复费	可报销部分费用 ×100%			
3	住院治疗工伤的伙食补助费	住院时间（天）× 当地标准			
4	到统筹地区以外就医交通、食宿费	按当地标准			
5	辅助器具装配费	不超过上限标准 ×100%			
6	一次性伤残补助金	本人工资（元/月）×23 个月			
7	伤残津贴	本人工资（元/月）×80%		按月	不低于最低工资标准
8	生活护理费	统筹地区上年度职工月平均工资 × 相应护理等级百分比			—
9	停工留薪期工资福利	停工留薪期（月）× 原工资福利标准 ×100%	参保、非参保均由用人单位支付	按月或一次性	原工资福利待遇不变
10	停工留薪期内护理费	停工留薪期（月）× 月核定的护理费 ×100%			—

4. 四级伤残职工可能涉及的工伤保险待遇

编号	项目	计算公式	支付方	支付方式	备注
1	工伤医疗费	可报销部分费用 ×100%	参保：基金 非参保：用人单位	一次性	—
2	工伤康复费	可报销部分费用 ×100%			
3	住院治疗工伤的伙食补助费	住院时间（天）× 当地标准			
4	到统筹地区以外就医交通、食宿费	按当地标准			
5	辅助器具装配费	不超过上限标准 ×100%			
6	一次性伤残补助金	本人工资（元/月）×21个月			
7	伤残津贴	本人工资（元/月）× 75%		按月	不低于最低工资标准
8	生活护理费	统筹地区上年度职工月平均工资 × 相应护理等级百分比			—
9	停工留薪期工资福利	停工留薪期（月）× 原工资福利标准 ×100%	参保、非参保均由用人单位支付	按月或一次性	原工资福利待遇不变
10	停工留薪期内护理费	停工留薪期（月）× 月核定的护理费 ×100%			—

5. 五级伤残职工可能涉及的工伤保险待遇

编号	项目	计算公式	支付方	支付方式	备注
1	工伤医疗费	可报销部分费用 ×100%	参保：基金 非参保：用人单位	一次性	—
2	工伤康复费	可报销部分费用 ×100%			
3	住院治疗工伤的伙食补助费	住院时间（天）× 当地标准			
4	到统筹地区以外就医交通、食宿费	按当地标准			
5	辅助器具装配费	不超过上限标准 ×100%			
6	一次性伤残补助金	本人工资（元/月）×18个月			
7	一次性工伤医疗补助金	按当地标准			解除或终止劳动关系时
8	停工留薪期工资福利	停工留薪期（月）× 原工资福利标准 ×100%	参保、非参保均由用人单位支付	按月或一次性	原工资福利待遇不变
9	停工留薪期内护理费	停工留薪期（月）× 月核定的护理费 ×100%			—
10	鉴定等级后保留劳动关系期间伤残津贴	本人工资（元/月）×60%		按月	难以安排工作时
11	一次性伤残就业补助金	按当地标准		一次性	经工伤职工本人提出解除劳动关系时

6. 六级伤残职工可能涉及的工伤保险待遇

编号	项目	计算公式	支付方	支付方式	备注
1	工伤医疗费	可报销部分费用 ×100%	参保：基金 非参保：用人单位	一次性	—
2	工伤康复费	可报销部分费用 ×100%			
3	住院治疗工伤的伙食补助费	住院时间（天）× 当地标准			
4	到统筹地区以外就医交通、食宿费	按当地标准			
5	辅助器具装配费	不超过上限标准 ×100%			
6	一次性伤残补助金	本人工资（元/月）×16个月			
7	一次性工伤医疗补助金	按当地标准			解除或终止劳动关系时
8	停工留薪期工资福利	停工留薪期（月）× 原工资福利标准 ×100%	参保、非参保均由用人单位支付	按月或一次性	原工资福利待遇不变
9	停工留薪期内护理费	停工留薪期（月）× 月核定的护理费 ×100%			—
10	鉴定等级后保留劳动关系期间伤残津贴	本人工资（元/月）×60%		按月	难以安排工作时
11	一次性伤残就业补助金	按当地标准		一次性	经工伤职工本人提出解除劳动关系时

7. 七级伤残职工可能涉及的工伤保险待遇

编号	项目	计算公式	支付方	支付方式	备注
1	工伤医疗费	可报销部分费用 ×100%	参保：基金 非参保：用人单位	一次性	—
2	工伤康复费	可报销部分费用 ×100%			
3	住院治疗工伤的伙食补助费	住院时间（天）× 当地标准			
4	到统筹地区以外就医交通、食宿费	按当地标准			
5	辅助器具装配费	不超过上限标准 ×100%			
6	一次性伤残补助金	本人工资（元/月）×13个月			
7	一次性工伤医疗补助金	按当地标准			解除或终止劳动关系时
8	停工留薪期内工资福利	停工留薪期（月）× 原工资福利待遇标准 ×100%	参保、非参保均由用人单位支付	按月或一次性	原工资福利待遇不变
9	停工留薪期内护理费	停工留薪期（月）× 月核定的护理费 ×100%			—
10	一次性伤残就业补助金	按当地标准		一次性	解除工伤保险关系时

8. 八级伤残职工可能涉及的工伤保险待遇

编号	项目	计算公式	支付方	支付方式	备注
1	工伤医疗费	可报销部分费用 ×100%	参保：基金 非参保：用人单位	一次性	—
2	工伤康复费	可报销部分费用 ×100%			
3	住院治疗工伤的伙食补助费	住院时间（天）× 当地标准			
4	到统筹地区以外就医交通、食宿费	按当地标准			
5	辅助器具装配费	不超过上限标准 ×100%			
6	一次性伤残补助金	本人工资（元/月）×11个月			
7	一次性工伤医疗补助金	按当地标准			解除或终止劳动关系时
8	停工留薪期内工资福利	停工留薪期（月）× 原工资福利待遇标准 ×100%	参保、非参保均由用人单位支付	按月或一次性	原工资福利待遇不变
9	停工留薪期内护理费	停工留薪期（月）× 月核定的护理费 ×100%			—
10	一次性伤残就业补助金	按当地标准		一次性	解除或终止劳动关系时

9. 九级伤残职工可能涉及的工伤保险待遇

<table>
<tr><th>编号</th><th>项目</th><th>计算公式</th><th>支付方</th><th>支付方式</th><th>备注</th></tr>
<tr><td>1</td><td>工伤医疗费</td><td>可报销部分费用 ×100%</td><td rowspan="7">参保：基金
非参保：用人单位</td><td rowspan="7">一次性</td><td rowspan="6">—</td></tr>
<tr><td>2</td><td>工伤康复费</td><td>可报销部分费用 ×100%</td></tr>
<tr><td>3</td><td>住院治疗工伤的伙食补助费</td><td>住院时间（天）× 当地标准</td></tr>
<tr><td>4</td><td>到统筹地区以外就医交通、食宿费</td><td>按当地标准</td></tr>
<tr><td>5</td><td>辅助器具装配费</td><td>不超过上限标准 ×100%</td></tr>
<tr><td>6</td><td>一次性伤残补助金</td><td>本人工资（元 / 月）×9 个月</td></tr>
<tr><td>7</td><td>一次性工伤医疗补助金</td><td>按当地标准</td><td>解除或终止劳动关系时</td></tr>
<tr><td>8</td><td>停工留薪期内工资福利</td><td>停工留薪期（月）× 原工资福利待遇标准 ×100%</td><td rowspan="3">参保、非参保均由用人单位支付</td><td rowspan="2">按月或一次性</td><td>原工资福利待遇不变</td></tr>
<tr><td>9</td><td>停工留薪期内护理费</td><td>停工留薪期（月）× 月核定的护理费 ×100%</td><td>—</td></tr>
<tr><td>10</td><td>一次性伤残就业补助金</td><td>按当地标准</td><td>一次性</td><td>解除或终止劳动关系时</td></tr>
</table>

10. 十级伤残职工可能涉及的工伤保险待遇

编号	项目	计算公式	支付方	支付方式	备注
1	工伤医疗费	可报销部分费用 ×100%	参保：基金 非参保：用人单位	一次性	—
2	工伤康复费	可报销部分费用 ×100%			
3	住院治疗工伤的伙食补助费	住院时间（天）× 当地标准			
4	到统筹地区以外就医交通、食宿费	按当地标准			
5	辅助器具装配费	不超过上限标准 ×100%			
6	一次性伤残补助金	本人工资（元/月）×7个月			
7	一次性工伤医疗补助金	按当地标准			解除或终止劳动关系时
8	停工留薪期内工资福利	停工留薪期（月）× 原工资福利待遇标准 ×100%	参保、非参保均由用人单位支付	按月或一次性	原工资福利待遇不变
9	停工留薪期内护理费	停工留薪期（月）× 月核定的护理费 ×100%			—
10	一次性伤残就业补助金	按当地标准		一次性	解除或终止劳动关系时

11. 未达伤残等级职工可能涉及的工伤保险待遇

<table>
<tr><th>编号</th><th>项目</th><th>计算公式</th><th>支付方</th><th>支付方式</th><th>备注</th></tr>
<tr><td>1</td><td>工伤医疗费</td><td>可报销部分费用 ×100%</td><td rowspan="4">参保：基金
非参保：用人单位</td><td rowspan="4">一次性</td><td rowspan="4">—</td></tr>
<tr><td>2</td><td>工伤康复费</td><td>可报销部分费用 ×100%</td></tr>
<tr><td>3</td><td>住院治疗工伤的伙食补助费</td><td>住院时间（天）× 当地标准</td></tr>
<tr><td>4</td><td>到统筹地区以外就医交通、食宿费</td><td>按当地标准</td></tr>
<tr><td>5</td><td>停工留薪期内工资福利</td><td>停工留薪期（月）× 原工资福利待遇标准 ×100%</td><td rowspan="2">参保、非参保均由用人单位支付</td><td rowspan="2">按月或一次性</td><td>原工资福利待遇不变</td></tr>
<tr><td>6</td><td>停工留薪期内护理费</td><td>停工留薪期（月）× 月核定的护理费 ×100%</td><td>—</td></tr>
</table>

12. 因工死亡职工及家属可能涉及的工伤保险待遇

<table>
<tr><th>编号</th><th>项目</th><th>计算公式</th><th>支付方</th><th>支付方式</th><th>备注</th></tr>
<tr><td>1</td><td>工伤医疗费</td><td>可报销部分费用 ×100%</td><td rowspan="5">参保：基金
非参保：用人单位</td><td rowspan="5">一次性</td><td rowspan="5">—</td></tr>
<tr><td>2</td><td>工伤康复费</td><td>可报销部分费用 ×100%</td></tr>
<tr><td>3</td><td>住院治疗工伤的伙食补助费</td><td>住院时间（天）× 当地标准</td></tr>
<tr><td>4</td><td>到统筹地区以外就医交通、食宿费</td><td>按当地标准</td></tr>
<tr><td>5</td><td>辅助器具装配费</td><td>不超过上限标准 ×100%</td></tr>
</table>

续表

<table>
<tr><th>编号</th><th>项目</th><th colspan="2">计算公式</th><th>支付方</th><th>支付方式</th><th>备注</th></tr>
<tr><td>6</td><td>停工留薪期内工资福利</td><td colspan="2">停工留薪期（月）×原工资福利待遇标准 ×100%</td><td rowspan="2">参保、非参保均由用人单位支付</td><td rowspan="2">一次性或按月</td><td>原工资福利待遇不变</td></tr>
<tr><td>7</td><td>停工留薪期内护理费</td><td colspan="2">停工留薪期（月）×月核定的护理费 ×100%</td><td>—</td></tr>
<tr><td>8</td><td>丧葬补助金</td><td colspan="2">统筹地区上年度职工月平均工资（元/月）×6个月</td><td rowspan="5">参保：基金
非参保：用人单位</td><td rowspan="2">一次性</td><td>—</td></tr>
<tr><td>9</td><td>一次性工亡补助金</td><td colspan="2">上年度全国城镇居民人均可支配收入 ×20</td><td>一级至四级伤残职工在停工留薪期满后死亡的不得享受</td></tr>
<tr><td rowspan="3">10</td><td rowspan="3">供养亲属抚恤金</td><td>符合条件的配偶</td><td>本人工资（元/月）×40%</td><td rowspan="3">通过生存验证后发放</td><td rowspan="3">领取抚恤金的总和不得高于职工本人工资。适时调整，办法由省、自治区、直辖市人民政府规定</td></tr>
<tr><td>符合条件的其他亲属</td><td>本人工资（元/月）× 0%</td></tr>
<tr><td>符合条件的孤寡老人或者孤儿</td><td>本人工资（元/月）× 原标准基础上增加 10%</td></tr>
</table>

附录二　工伤保险相关法律法规规章文件

一、工伤保险相关法律法规规章文件目录

根据法律效力、制定机构的不同，按法律、行政法规、部门规章、规范性文件等顺序进行排布，共分为10个类别。

1. 综合类

（1）中华人民共和国社会保险法（2010年10月28日中华人民共和国主席令第35号颁布，2018年12月29日中华人民共和国主席令第25号公布修改）

（2）中华人民共和国劳动法（1994年7月5日中华人民共和国主席令第28号颁布，2009年8月27日中华人民共和国主席令第18号公布第一次修改，2018年12月29日中华人民共和国主席令第24号公布第二次修改）

（3）中华人民共和国工会法（1992年4月3日中华人民共和国主席令第57号颁布，2009年8月27日中华人民共和国主席令第18号公布修改）

（4）中华人民共和国劳动合同法（2007年6月29日中华人民共和国主席令第65号颁布，2012年12月28日中华人民共和国主席令第73号公布修改）

（5）中华人民共和国劳动争议调解仲裁法（2007 年 12 月 29 日中华人民共和国主席令第 80 号颁布）

（6）工伤保险条例（2003 年 4 月 27 日中华人民共和国国务院令第 375 号公布，2010 年 12 月 20 日中华人民共和国国务院令第 586 号公布修改）

（7）劳动保障监察条例（2004 年 10 月 26 日中华人民共和国国务院令第 423 号公布）

（8）实施《中华人民共和国社会保险法》若干规定（2011 年 6 月 29 日人力资源和社会保障部令第 13 号公布）

（9）社会保险行政争议处理办法（2001 年 5 月 27 日劳动和社会保障部令第 13 号公布）

（10）人力资源社会保障行政复议办法（2010 年 3 月 16 日人力资源和社会保障部令第 6 号公布）

（11）社会保险基金监督举报工作管理办法（2001 年 5 月 18 日劳动和社会保障部令第 11 号公布）

（12）社会保险基金行政监督办法（2001 年 5 月 18 日劳动和社会保障部令第 12 号公布）

（13）社会保险稽核办法（2003 年 2 月 27 日劳动和社会保障部令第 16 号公布）

（14）社会保险业务档案管理规定（试行）（2009 年 7 月 23 日人力资源和社会保障部、国家档案局令第 3 号公布）

（15）关于实施《工伤保险条例》若干问题的意见（劳社部函〔2004〕256 号）

（16）人力资源社会保障部关于执行《工伤保险条例》若干问题的意见（人社部发〔2013〕34 号）

（17）人力资源社会保障部关于执行《工伤保险条例》若干问题的意见（二）（人社部发〔2016〕29 号）

（18）关于印发工伤保险经办规程的通知（人社部发〔2012〕11号）

（19）关于印发《社会保险经办机构内部控制暂行办法》的通知（劳社部发〔2017〕2号）

2. 参保缴费

（20）社会保险费征缴暂行条例（1999年1月22日中华人民共和国国务院令第259号公布）

（21）社会保险登记管理暂行办法（1999年3月19日劳动和社会保障部令第1号公布）

（22）部分行业企业工伤保险费缴纳办法（2010年12月31日人力资源和社会保障部令第10号公布）

（23）在中国境内就业的外国人参加社会保险暂行办法（2011年9月6日人力资源和社会保障部令第16号公布）

（24）社会保险费申报缴纳管理规定（2013年9月26日人力资源和社会保障部令第20号公布）

（25）关于农民工参加工伤保险有关问题的通知（劳社部发〔2004〕18号）

（26）关于贯彻《安全生产许可证条例》做好企业参加工伤保险有关工作的通知（劳社部发〔2005〕8号）

（27）关于进一步做好中央企业工伤保险工作有关问题的通知（劳社部发〔2007〕36号）

（28）关于加强工伤保险医疗服务协议管理工作的通知（劳社部发〔2007〕7号）

（29）关于推进工伤保险市级统筹有关问题的通知（人社部发〔2010〕20号）

（30）人力资源社会保障部　财政部关于进一步做好事业单

位等参加工伤保险工作有关问题的通知（人社部发〔2012〕67号）

（31）人力资源社会保障部　住房城乡建设部　安全监管总局　全国总工会关于进一步做好建筑业工伤保险工作的意见（人社部发〔2014〕103号）

（32）人力资源社会保障部　财政部关于调整工伤保险费率政策的通知（人社部发〔2015〕71号）

（33）人力资源社会保障部　财政部关于做好工伤保险费率调整工作　进一步加强基金管理的指导意见（人社部发〔2015〕72号）

（34）关于铁路企业参加工伤保险有关问题的通知（劳社部函〔2004〕257号）

（35）人力资源社会保障部办公厅关于开展建筑业“同舟计划”——建筑业工伤保险专项扩面行动计划的通知（人社厅发〔2015〕43号）

（36）人力资源社会保障部办公厅关于加快推进建筑业工伤保险工作的通知（人社厅发〔2016〕43号）

（37）人力资源社会保障部办公厅关于进一步做好建筑业工伤保险工作的通知（人社厅函〔2017〕53号）

3. 工伤预防

（38）中华人民共和国安全生产法（2002年6月29日中华人民共和国主席令第70号颁布，2009年8月27日中华人民共和国主席令第18号公布第一次修改，2014年8月31日中华人民共和国主席令第13号公布第二次修改）

（39）中华人民共和国职业病防治法（2001年10月27日中华人民共和国主席令第60号颁布，2011年12月31日中华人民共和国主席令第52号公布第一次修改，2016年7月2日中华人民共和国主席令第48号公布第二次修改，2017年11月4日中华人民共和国主席令第81号公布第三次修改，2018年12月29日中华人民共和国主席令第24号公布第四次修改）

（40）中华人民共和国道路交通安全法（2003年10月28日中华人民共和国主席令第8号颁布，2007年12月29日中华人民共和国主席令第81号公布第二次修改，2011年4月22日中华人民共和国主席令第47号公布第三次修改）

（41）使用有毒物品作业场所劳动保护条例（2002年4月30日中华人民共和国国务院令第352号公布）

（42）禁止使用童工规定（2002年10月1日中华人民共和国国务院令第364号公布）

（43）安全生产许可证条例（2004年1月13日中华人民共和国国务院令第397号公布）

（44）生产安全事故报告和调查处理条例（2007年4月9日中华人民共和国国务院令第493号公布）

（45）女职工劳动保护特别规定（2012年4月28日中华人民共和国国务院令第619号公布）

（46）中华人民共和国尘肺病防治条例（国发〔1987〕105号）

（47）未成年工特殊保护规定（劳部发〔1994〕498号）

（48）人力资源社会保障部　财政部　国家卫生计生委　国家安全监管总局关于印发工伤预防费使用管理暂行办法的通知（人社部规〔2017〕13号）

（49）人力资源社会保障部关于进一步做好工伤预防试点工作的通知（人社部发〔2013〕32号）

（50）人力资源社会保障部办公厅关于确认工伤预防试点城

市的通知（人社厅〔2013〕111号）

（51）关于同意北京市为全国工伤预防试点城市的通知（人社厅发〔2015〕119号）

（52）关于确认贵州省为全国工伤预防试点地区的函（人社厅函〔2016〕123号）

（53）关于确认青海省为全国工伤预防试点地区的复函（人社厅函〔2016〕184号）

（54）关于加强用人单位职业卫生培训工作的通知（安监总厅安健〔2015〕121号）

（55）关于印发《职业病危害因素分类目录》的通知（国卫疾控发〔2015〕92号）

（56）关于印发加强农民工尘肺病防治工作的意见的通知（国卫疾控发〔2016〕2号）

（57）关于印发防暑降温措施管理办法的通知（安监总安健〔2012〕89号）

（58）关于印发用人单位劳动防护用品管理规范的通知（安监总厅安健〔2015〕124号）

（59）个体防护装备选用规范（GB/T 11651—2008）

4. 工伤认定

（60）中华人民共和国行政诉讼法（1989年4月4日中华人民共和国主席令第16号颁布，2014年11月1日中华人民共和国主席令第15号公布第一次修改，2017年7月1日中华人民共和国主席令第71号公布第二次修改）

（61）中华人民共和国行政复议法（1999年4月29日中华人民共和国主席令第16号颁布，2009年8月27日中华人民共和国主席令第18号公布第一次修改，2017年9月1日中华人民共和

国主席令第 76 号公布第二次修改）

（62）中华人民共和国行政处罚法（1996 年 3 月 17 日中华人民共和国主席令第 63 号颁布，2009 年 8 月 27 日中华人民共和国主席令第 18 号公布第一次修改，2017 年 9 月 1 日中华人民共和国主席令第 76 号公布第二次修改）

（63）国务院关于职工工作时间的规定（1994 年 3 月 1 日中华人民共和国国务院令第 174 号公布）

（64）工伤认定办法（2010 年 12 月 31 日人力资源和社会保障部令第 8 号公布）

（65）职业病诊断与鉴定管理办法（2013 年 2 月 19 日卫生部令第 91 号公布）

（66）职业病危害项目申报办法（2012 年 4 月 27 日国家安全生产监督管理总局令第 48 号公布）

（67）劳动人事争议仲裁办案规则（2017 年 5 月 8 日人力资源和社会保障部令第 33 号公布）

（68）国家卫生计生委等四部门关于印发《职业病分类和目录》的通知（国卫疾控发〔2013〕48 号）

（69）《国务院关于职工工作时间的规定》问题解答（劳部发〔1995〕187 号）

（70）关于确立劳动关系有关事项的通知（劳社部发〔2005〕12 号）

（71）卫生部关于进一步加强职业病诊断与鉴定管理工作的通知（卫监督发〔2009〕82 号）

（72）最高人民法院关于审理工伤保险行政案件若干问题的规定（法释〔2014〕9 号）

（73）最高人民法院关于适用《中华人民共和国行政诉讼法》若干问题的解释（法释〔2015〕9 号）

5. 工伤医疗

（74）《关于加强工伤保险医疗服务协议管理工作的通知》（劳社部发〔2007〕7号）

6. 工伤康复

（75）人力资源社会保障部关于印发《工伤康复服务项目（试行）》和《工伤康复服务规范（试行）》（修订版）的通知（人社部发〔2013〕30号）

（76）关于设立公布第一批区域性工伤康复示范平台名单有关问题的通知（人社厅发〔2015〕178号）

7. 劳动能力鉴定

（77）工伤职工劳动能力鉴定管理办法（2014年4月1日人力资源和社会保障部、国家卫生和计划生育委员会令第21号）

（78）关于印发《职工非因工伤残或因病丧失劳动能力程度鉴定标准（试行）》的通知（劳社部发〔2002〕8号）

（79）人力资源社会保障部关于实施修订后劳动能力鉴定标准有关问题处理意见的通知（人社部发〔2014〕81号）

（80）劳动能力鉴定　职工工伤与职业病致残等级（GB/T 16180—2014）

8. 劳动能力确认

（81）工伤保险辅助器具配置管理办法（2010年2月16日人力资源和社会保障部、民政部、国家卫生和计划生育委员会令第27号）

（82）关于印发工伤保险辅助器具配置目录的通知（人社厅

函〔2012〕381 号）

9. 工伤保险待遇

（83）军人抚恤优待条例（2004 年 8 月 1 日中华人民共和国国务院、中华人民共和国中央军事委员会令第 413 号公布，2011 年 7 月 29 日中华人民共和国国务院、中华人民共和国中央军事委员会令第 602 号公布修改）

（84）伤残抚恤管理办法（2007 年 7 月 31 日民政部令第 34 号公布）

（85）因工死亡职工供养亲属范围规定（2003 年 9 月 23 日劳动和社会保障部令第 18 号公布）

（86）非法用工单位伤亡人员一次性赔偿办法（人力资源和社会保障部令第 9 号公布）

（87）社会保险基金先行支付暂行办法（人力资源和社会保障部令第 15 号公布）

（88）关于工资总额组成的规定（1990 年 1 月 1 日国家统计局令第 1 号公布）

10. 工伤保险权益记录

（89）社会保险个人权益记录管理办法（2011 年 6 月 29 日人力资源和社会保障部令第 14 号公布）

二、工伤保险主要法律法规规章文件选录

1. 中华人民共和国社会保险法（节选）

2010 年 10 月 28 日第十一届全国人民代表大会常务委员会第十七次会议通过，中华人民共和国主席令第 35 号颁布，根据

2018年12月29日第十三届全国人民代表大会常务委员会第七次会议《关于修改〈中华人民共和国社会保险法〉的决定》修改，中华人民共和国主席令第25号公布。

第四章 工伤保险

第三十三条 职工应当参加工伤保险，由用人单位缴纳工伤保险费，职工不缴纳工伤保险费。

第三十四条 国家根据不同行业的工伤风险程度确定行业的差别费率，并根据使用工伤保险基金、工伤发生率等情况在每个行业内确定费率档次。行业差别费率和行业内费率档次由国务院社会保险行政部门制定，报国务院批准后公布施行。

社会保险经办机构根据用人单位使用工伤保险基金、工伤发生率和所属行业费率档次等情况，确定用人单位缴费费率。

第三十五条 用人单位应当按照本单位职工工资总额，根据社会保险经办机构确定的费率缴纳工伤保险费。

第三十六条 职工因工作原因受到事故伤害或者患职业病，且经工伤认定的，享受工伤保险待遇；其中，经劳动能力鉴定丧失劳动能力的，享受伤残待遇。

工伤认定和劳动能力鉴定应当简捷、方便。

第三十七条 职工因下列情形之一导致本人在工作中伤亡的，不认定为工伤：

（一）故意犯罪；

（二）醉酒或者吸毒；

（三）自残或者自杀；

（四）法律、行政法规规定的其他情形。

第三十八条 因工伤发生的下列费用，按照国家规定从工伤保险基金中支付：

（一）治疗工伤的医疗费用和康复费用；

（二）住院伙食补助费；

（三）到统筹地区以外就医的交通食宿费；

（四）安装配置伤残辅助器具所需费用；

（五）生活不能自理的，经劳动能力鉴定委员会确认的生活护理费；

（六）一次性伤残补助金和一级至四级伤残职工按月领取的伤残津贴；

（七）终止或者解除劳动合同时，应当享受的一次性医疗补助金；

（八）因工死亡的，其遗属领取的丧葬补助金、供养亲属抚恤金和因工死亡补助金；

（九）劳动能力鉴定费。

第三十九条 因工伤发生的下列费用，按照国家规定由用人单位支付：

（一）治疗工伤期间的工资福利；

（二）五级、六级伤残职工按月领取的伤残津贴；

（三）终止或者解除劳动合同时，应当享受的一次性伤残就业补助金。

第四十条 工伤职工符合领取基本养老金条件的，停发伤残津贴，享受基本养老保险待遇。基本养老保险待遇低于伤残津贴的，从工伤保险基金中补足差额。

第四十一条 职工所在用人单位未依法缴纳工伤保险费，发生工伤事故的，由用人单位支付工伤保险待遇。用人单位不支付的，从工伤保险基金中先行支付。

从工伤保险基金中先行支付的工伤保险待遇应当由用人单位偿还。用人单位不偿还的，社会保险经办机构可以依照本法第六十三条的规定追偿。

第四十二条　由于第三人的原因造成工伤，第三人不支付工伤医疗费用或者无法确定第三人的，由工伤保险基金先行支付。工伤保险基金先行支付后，有权向第三人追偿。

第四十三条　工伤职工有下列情形之一的，停止享受工伤保险待遇：

（一）丧失享受待遇条件的；

（二）拒不接受劳动能力鉴定的；

（三）拒绝治疗的。

2. 国务院关于修改《工伤保险条例》的决定

《国务院关于修改〈工伤保险条例〉的决定》经 2010 年 12 月 8 日国务院第 136 次常务会议通过，中华人民共和国国务院令第 586 号公布，自 2011 年 1 月 1 日起施行。

国务院决定对《工伤保险条例》作如下修改：

一、第二条修改为："中华人民共和国境内的企业、事业单位、社会团体、民办非企业单位、基金会、律师事务所、会计师事务所等组织和有雇工的个体工商户（以下称用人单位）应当依照本条例规定参加工伤保险，为本单位全部职工或者雇工（以下称职工）缴纳工伤保险费。

"中华人民共和国境内的企业、事业单位、社会团体、民办非企业单位、基金会、律师事务所、会计师事务所等组织的职工和个体工商户的雇工，均有依照本条例的规定享受工伤保险待遇的权利。"

二、第八条第二款修改为："国家根据不同行业的工伤风险程度确定行业的差别费率，并根据工伤保险费使用、工伤发生率等情况在每个行业内确定若干费率档次。行业差别费率及行业内费率档次由国务院社会保险行政部门制定，报国务院批准后公布施行。”

三、第九条修改为：“国务院社会保险行政部门应当定期了解全国各统筹地区工伤保险基金收支情况，及时提出调整行业差别费率及行业内费率档次的方案，报国务院批准后公布施行。”

四、第十条增加一款，作为第三款：“对难以按照工资总额缴纳工伤保险费的行业，其缴纳工伤保险费的具体方式，由国务院社会保险行政部门规定。”

五、第十一条第一款修改为：“工伤保险基金逐步实行省级统筹。”

六、第十二条修改为：“工伤保险基金存入社会保障基金财政专户，用于本条例规定的工伤保险待遇，劳动能力鉴定，工伤预防的宣传、培训等费用，以及法律法规规定的用于工伤保险的其他费用的支付。

“工伤预防费用的提取比例、使用和管理的具体办法，由国务院社会保险行政部门会同国务院财政、卫生行政、安全生产监督管理等部门规定。

“任何单位或者个人不得将工伤保险基金用于投资运营、兴建或者改建办公场所、发放奖金，或者挪作其他用途。”

七、第十四条第（六）项修改为：“在上下班途中，受到非本人主要责任的交通事故或者城市轨道交通、客运轮渡、火车事故伤害的。”

八、第十六条修改为：“职工符合本条例第十四条、第十五条的规定，但是有下列情形之一的，不得认定为工伤或者视同工伤：

（一）故意犯罪的；

（二）醉酒或者吸毒的；

（三）自残或者自杀的。”

九、第二十条修改为：“社会保险行政部门应当自受理工伤认定申请之日起60日内作出工伤认定的决定，并书面通知申请工伤认定的职工或者其近亲属和该职工所在单位。

社会保险行政部门对受理的事实清楚、权利义务明确的工伤认定申请，应当在15日内作出工伤认定的决定。

作出工伤认定决定需要以司法机关或者有关行政主管部门的结论为依据的，在司法机关或者有关行政主管部门尚未作出结论期间，作出工伤认定决定的时限中止。

社会保险行政部门工作人员与工伤认定申请人有利害关系的，应当回避。”

十、增加一条，作为第二十九条：“劳动能力鉴定委员会依照本条例第二十六条和第二十八条的规定进行再次鉴定和复查鉴定的期限，依照本条例第二十五条第二款的规定执行。”

十一、第二十九条改为第三十条，第四款修改为：“职工住院治疗工伤的伙食补助费，以及经医疗机构出具证明，报经办机构同意，工伤职工到统筹地区以外就医所需的交通、食宿费用从工伤保险基金支付，基金支付的具体标准由统筹地区人民政府规定。”

第六款修改为：“工伤职工到签订服务协议的医疗机构进行工伤康复的费用，符合规定的，从工伤保险基金支付。”

十二、增加一条，作为第三十一条：“社会保险行政部门作出认定为工伤的决定后发生行政复议、行政诉讼的，行政复议和行政诉讼期间不停止支付工伤职工治疗工伤的医疗费用。”

十三、第三十三条改为第三十五条，第一款第（一）项修改为：“从工伤保险基金按伤残等级支付一次性伤残补助金，标准为：一级伤残为27个月的本人工资，二级伤残为25个月的本人工资，三级伤残为23个月的本人工资，四级伤残为21个月的本人工资。”

第一款第（三）项修改为：“工伤职工达到退休年龄并办理退休手续后，停发伤残津贴，按照国家有关规定享受基本养老保险待遇。基本养老保险待遇低于伤残津贴的，由工伤保险基金补足差额。”

十四、第三十四条改为第三十六条，第一款第（一）项修改为：“从工伤保险基金按伤残等级支付一次性伤残补助金，标准为：五级伤残为18个月的本人工资，六级伤残为16个月的本人工资。”

第二款修改为：“经工伤职工本人提出，该职工可以与用人单位解除或者终止劳动关系，由工伤保险基金支付一次性工伤医疗补助金，由用人单位支付一次性伤残就业补助金。一次性工伤医疗补助金和一次性伤残就业补助金的具体标准由省、自治区、直辖市人民政府规定。”

十五、第三十五条改为第三十七条，修改为：“职工因工致残被鉴定为七级至十级伤残的，享受以下待遇：

（一）从工伤保险基金按伤残等级支付一次性伤残补助金，标准为：七级伤残为13个月的本人工资，八级伤残为11个月的本人工资，九级伤残为9个月的本人工资，十级伤残为7个月的本人工资；

（二）劳动、聘用合同期满终止，或者职工本人提出解除劳动、聘用合同的，由工伤保险基金支付一次性工伤医疗补助金，由用人单位支付一次性伤残就业补助金。一次性工伤医疗补助金和一次性伤残就业补助金的具体标准由省、自治区、直辖市人民政府规定。”

十六、第三十七条改为第三十九条，第一款第（三）项修改为："一次性工亡补助金标准为上一年度全国城镇居民人均可支配收入的20倍。"

十七、第四十条改为第四十二条，删去第（四）项。

十八、第四十一条改为第四十三条，第四款修改为："企业破产的，在破产清算时依法拨付应当由单位支付的工伤保险待遇费用。"

十九、第五十三条改为第五十五条，修改为："有下列情形之一的，有关单位或者个人可以依法申请行政复议，也可以依法向人民法院提起行政诉讼：

（一）申请工伤认定的职工或者其近亲属、该职工所在单位对工伤认定申请不予受理的决定不服的；

（二）申请工伤认定的职工或者其近亲属、该职工所在单位对工伤认定结论不服的；

（三）用人单位对经办机构确定的单位缴费费率不服的；

（四）签订服务协议的医疗机构、辅助器具配置机构认为经办机构未履行有关协议或者规定的；

（五）工伤职工或者其近亲属对经办机构核定的工伤保险待遇有异议的。"

二十、第五十八条改为第六十条，修改为："用人单位、工伤职工或者其近亲属骗取工伤保险待遇，医疗机构、辅助器具配置机构骗取工伤保险基金支出的，由社会保险行政部门责令退还，处骗取金额2倍以上5倍以下的罚款；情节严重，构成犯罪的，依法追究刑事责任。"

二十一、第六十条改为第六十二条，修改为："用人单位依照本条例规定应当参加工伤保险而未参加的，由社会保险行政部门责令限期参加，补缴应当缴纳的工伤保险费，并自欠缴之日起，按日加收万分之五的滞纳金；逾期仍不缴纳的，处欠缴数额

1 倍以上 3 倍以下的罚款。

依照本条例规定应当参加工伤保险而未参加工伤保险的用人单位职工发生工伤的，由该用人单位按照本条例规定的工伤保险待遇项目和标准支付费用。

用人单位参加工伤保险并补缴应当缴纳的工伤保险费、滞纳金后，由工伤保险基金和用人单位依照本条例的规定支付新发生的费用。”

二十二、增加一条，作为第六十三条：“用人单位违反本条例第十九条的规定，拒不协助社会保险行政部门对事故进行调查核实的，由社会保险行政部门责令改正，处 2 000 元以上 2 万元以下的罚款。”

二十三、第六十一条改为第六十四条，删去第一款。

二十四、第六十二条改为第六十五条，修改为：“公务员和参照公务员法管理的事业单位、社会团体的工作人员因工作遭受事故伤害或者患职业病的，由所在单位支付费用。具体办法由国务院社会保险行政部门会同国务院财政部门规定。”

此外，对条文的个别文字作了修改，对条文的顺序作了相应调整。

本决定自 2011 年 1 月 1 日起施行。

《工伤保险条例》根据本决定作相应的修改，重新公布。本条例施行后本决定施行前受到事故伤害或者患职业病的职工尚未完成工伤认定的，依照本决定的规定执行。

工伤保险条例

2003 年 4 月 27 日中华人民共和国国务院令第 375 号公布，根据 2010 年 12 月 20 日《国务院关于修改〈工伤保险条例〉的决定》修改。

第一章　总　　则

第一条　为了保障因工作遭受事故伤害或者患职业病的职工获得医疗救治和经济补偿，促进工伤预防和职业康复，分散用人单位的工伤风险，制定本条例。

第二条　中华人民共和国境内的企业、事业单位、社会团体、民办非企业单位、基金会、律师事务所、会计师事务所等组织和有雇工的个体工商户（以下称用人单位）应当依照本条例规定参加工伤保险，为本单位全部职工或者雇工（以下称职工）缴纳工伤保险费。

中华人民共和国境内的企业、事业单位、社会团体、民办非企业单位、基金会、律师事务所、会计师事务所等组织的职工和个体工商户的雇工，均有依照本条例的规定享受工伤保险待遇的权利。

第三条　工伤保险费的征缴按照《社会保险费征缴暂行条例》关于基本养老保险费、基本医疗保险费、失业保险费的征缴规定执行。

第四条　用人单位应当将参加工伤保险的有关情况在本单位内公示。

用人单位和职工应当遵守有关安全生产和职业病防治的法律法规，执行安全卫生规程和标准，预防工伤事故发生，避免和减少职业病危害。

职工发生工伤时，用人单位应当采取措施使工伤职工得到及时救治。

第五条　国务院社会保险行政部门负责全国的工伤保险工作。

县级以上地方各级人民政府社会保险行政部门负责本行政区域内的工伤保险工作。

社会保险行政部门按照国务院有关规定设立的社会保险经办机构（以下称经办机构）具体承办工伤保险事务。

第六条 社会保险行政部门等部门制定工伤保险的政策、标准，应当征求工会组织、用人单位代表的意见。

第二章 工伤保险基金

第七条 工伤保险基金由用人单位缴纳的工伤保险费、工伤保险基金的利息和依法纳入工伤保险基金的其他资金构成。

第八条 工伤保险费根据以支定收、收支平衡的原则，确定费率。

国家根据不同行业的工伤风险程度确定行业的差别费率，并根据工伤保险费使用、工伤发生率等情况在每个行业内确定若干费率档次。行业差别费率及行业内费率档次由国务院社会保险行政部门制定，报国务院批准后公布施行。

统筹地区经办机构根据用人单位工伤保险费使用、工伤发生率等情况，适用所属行业内相应的费率档次确定单位缴费费率。

第九条 国务院社会保险行政部门应当定期了解全国各统筹地区工伤保险基金收支情况，及时提出调整行业差别费率及行业内费率档次的方案，报国务院批准后公布施行。

第十条 用人单位应当按时缴纳工伤保险费。职工个人不缴纳工伤保险费。

用人单位缴纳工伤保险费的数额为本单位职工工资总额乘以单位缴费费率之积。

对难以按照工资总额缴纳工伤保险费的行业，其缴纳工伤保险费的具体方式，由国务院社会保险行政部门规定。

第十一条　工伤保险基金逐步实行省级统筹。

跨地区、生产流动性较大的行业，可以采取相对集中的方式异地参加统筹地区的工伤保险。具体办法由国务院社会保险行政部门会同有关行业的主管部门制定。

第十二条　工伤保险基金存入社会保障基金财政专户，用于本条例规定的工伤保险待遇，劳动能力鉴定，工伤预防的宣传、培训等费用，以及法律、法规规定的用于工伤保险的其他费用的支付。

工伤预防费用的提取比例、使用和管理的具体办法，由国务院社会保险行政部门会同国务院财政、卫生行政、安全生产监督管理等部门规定。

任何单位或者个人不得将工伤保险基金用于投资运营、兴建或者改建办公场所、发放奖金，或者挪作其他用途。

第十三条　工伤保险基金应当留有一定比例的储备金，用于统筹地区重大事故的工伤保险待遇支付；储备金不足支付的，由统筹地区的人民政府垫付。储备金占基金总额的具体比例和储备金的使用办法，由省、自治区、直辖市人民政府规定。

第三章　工 伤 认 定

第十四条　职工有下列情形之一的，应当认定为工伤：

（一）在工作时间和工作场所内，因工作原因受到事故伤害的；

（二）工作时间前后在工作场所内，从事与工作有关的预备性或者收尾性工作受到事故伤害的；

（三）在工作时间和工作场所内，因履行工作职责受到暴力等意外伤害的；

（四）患职业病的；

（五）因工外出期间，由于工作原因受到伤害或者发生事故下落不明的；

（六）在上下班途中，受到非本人主要责任的交通事故或者城市轨道交通、客运轮渡、火车事故伤害的；

（七）法律、行政法规规定应当认定为工伤的其他情形。

第十五条 职工有下列情形之一的，视同工伤：

（一）在工作时间和工作岗位，突发疾病死亡或者在48小时之内经抢救无效死亡的；

（二）在抢险救灾等维护国家利益、公共利益活动中受到伤害的；

（三）职工原在军队服役，因战、因公负伤致残，已取得革命伤残军人证，到用人单位后旧伤复发的。

职工有前款第（一）项、第（二）项情形的，按照本条例的有关规定享受工伤保险待遇；职工有前款第（三）项情形的，按照本条例的有关规定享受除一次性伤残补助金以外的工伤保险待遇。

第十六条 职工符合本条例第十四条、第十五条的规定，但是有下列情形之一的，不得认定为工伤或者视同工伤：

（一）故意犯罪的；

（二）醉酒或者吸毒的；

（三）自残或者自杀的。

第十七条 职工发生事故伤害或者按照职业病防治法规定被诊断、鉴定为职业病，所在单位应当自事故伤害发生之日或者被诊断、鉴定为职业病之日起30日内，向统筹地区社会保险行政部门提出工伤认定申请。遇有特殊情况，经报社会保险行政部门同意，申请时限可以适当延长。

用人单位未按前款规定提出工伤认定申请的，工伤职工或者其近亲属、工会组织在事故伤害发生之日或者被诊断、鉴定为职业病之日起1年内，可以直接向用人单位所在地统筹地区社会保险行政部门提出工伤认定申请。

按照本条第一款规定应当由省级社会保险行政部门进行工伤认定的事项，根据属地原则由用人单位所在地的设区的市级社会保险行政部门办理。

用人单位未在本条第一款规定的时限内提交工伤认定申请，在此期间发生符合本条例规定的工伤待遇等有关费用由该用人单位负担。

第十八条　提出工伤认定申请应当提交下列材料：

（一）工伤认定申请表；

（二）与用人单位存在劳动关系（包括事实劳动关系）的证明材料；

（三）医疗诊断证明或者职业病诊断证明书（或者职业病诊断鉴定书）。

工伤认定申请表应当包括事故发生的时间、地点、原因以及职工伤害程度等基本情况。

工伤认定申请人提供材料不完整的，社会保险行政部门应当一次性书面告知工伤认定申请人需要补正的全部材料。申请人按照书面告知要求补正材料后，社会保险行政部门应当受理。

第十九条　社会保险行政部门受理工伤认定申请后，根据审核需要可以对事故伤害进行调查核实，用人单位、职工、工会组织、医疗机构以及有关部门应当予以协助。职业病诊断和诊断争议的鉴定，依照职业病防治法的有关规定执行。对依法取得职业病诊断证明书或者职业病诊断鉴定书的，社会保险行政部门不再进行调查核实。

职工或者其近亲属认为是工伤，用人单位不认为是工伤的，由用人单位承担举证责任。

第二十条 社会保险行政部门应当自受理工伤认定申请之日起60日内作出工伤认定的决定，并书面通知申请工伤认定的职工或者其近亲属和该职工所在单位。

社会保险行政部门对受理的事实清楚、权利义务明确的工伤认定申请，应当在15日内作出工伤认定的决定。

作出工伤认定决定需要以司法机关或者有关行政主管部门的结论为依据的，在司法机关或者有关行政主管部门尚未作出结论期间，作出工伤认定决定的时限中止。

社会保险行政部门工作人员与工伤认定申请人有利害关系的，应当回避。

第四章　劳动能力鉴定

第二十一条 职工发生工伤，经治疗伤情相对稳定后存在残疾、影响劳动能力的，应当进行劳动能力鉴定。

第二十二条 劳动能力鉴定是指劳动功能障碍程度和生活自理障碍程度的等级鉴定。

劳动功能障碍分为十个伤残等级，最重的为一级，最轻的为十级。

生活自理障碍分为三个等级：生活完全不能自理、生活大部分不能自理和生活部分不能自理。

劳动能力鉴定标准由国务院社会保险行政部门会同国务院卫生行政部门等部门制定。

第二十三条 劳动能力鉴定由用人单位、工伤职工或者其近亲属向设区的市级劳动能力鉴定委员会提出申请，并提供工伤认定决定和职工工伤医疗的有关资料。

第二十四条 省、自治区、直辖市劳动能力鉴定委员会和设区的市级劳动能力鉴定委员会分别由省、自治区、直辖市和设区的市级社会保险行政部门、卫生行政部门、工会组织、经办机构代表以及用人单位代表组成。

劳动能力鉴定委员会建立医疗卫生专家库。列入专家库的医疗卫生专业技术人员应当具备下列条件：

（一）具有医疗卫生高级专业技术职务任职资格；

（二）掌握劳动能力鉴定的相关知识；

（三）具有良好的职业品德。

第二十五条 设区的市级劳动能力鉴定委员会收到劳动能力鉴定申请后，应当从其建立的医疗卫生专家库中随机抽取3名或者5名相关专家组成专家组，由专家组提出鉴定意见。设区的市级劳动能力鉴定委员会根据专家组的鉴定意见作出工伤职工劳动能力鉴定结论；必要时，可以委托具备资格的医疗机构协助进行有关的诊断。

设区的市级劳动能力鉴定委员会应当自收到劳动能力鉴定申请之日起60日内作出劳动能力鉴定结论，必要时，作出劳动能力鉴定结论的期限可以延长30日。劳动能力鉴定结论应当及时送达申请鉴定的单位和个人。

第二十六条 申请鉴定的单位或者个人对设区的市级劳动能力鉴定委员会作出的鉴定结论不服的，可以在收到该鉴定结论之日起15日内向省、自治区、直辖市劳动能力鉴定委员会提出再次鉴定申请。省、自治区、直辖市劳动能力鉴定委员会作出的劳动能力鉴定结论为最终结论。

第二十七条 劳动能力鉴定工作应当客观、公正。劳动能力鉴定委员会组成人员或者参加鉴定的专家与当事人有利害关系的，应当回避。

第二十八条 自劳动能力鉴定结论作出之日起1年后，工伤职工或者其近亲属、所在单位或者经办机构认为伤残情况发生变化的，可以申请劳动能力复查鉴定。

第二十九条 劳动能力鉴定委员会依照本条例第二十六条和第二十八条的规定进行再次鉴定和复查鉴定的期限，依照本条例第二十五条第二款的规定执行。

第五章 工伤保险待遇

第三十条 职工因工作遭受事故伤害或者患职业病进行治疗，享受工伤医疗待遇。

职工治疗工伤应当在签订服务协议的医疗机构就医，情况紧急时可以先到就近的医疗机构急救。

治疗工伤所需费用符合工伤保险诊疗项目目录、工伤保险药品目录、工伤保险住院服务标准的，从工伤保险基金支付。工伤保险诊疗项目目录、工伤保险药品目录、工伤保险住院服务标准，由国务院社会保险行政部门会同国务院卫生行政部门、食品药品监督管理部门等部门规定。

职工住院治疗工伤的伙食补助费，以及经医疗机构出具证明，报经办机构同意，工伤职工到统筹地区以外就医所需的交通、食宿费用从工伤保险基金支付，基金支付的具体标准由统筹地区人民政府规定。

工伤职工治疗非工伤引发的疾病，不享受工伤医疗待遇，按照基本医疗保险办法处理。

工伤职工到签订服务协议的医疗机构进行工伤康复的费用，符合规定的，从工伤保险基金支付。

第三十一条 社会保险行政部门作出认定为工伤的决定后发生行政复议、行政诉讼的，行政复议和行政诉讼期间不停止支付工伤职工治疗工伤的医疗费用。

第三十二条　工伤职工因日常生活或者就业需要，经劳动能力鉴定委员会确认，可以安装假肢、矫形器、假眼、假牙和配置轮椅等辅助器具，所需费用按照国家规定的标准从工伤保险基金支付。

第三十三条　职工因工作遭受事故伤害或者患职业病需要暂停工作接受工伤医疗的，在停工留薪期内，原工资福利待遇不变，由所在单位按月支付。

停工留薪期一般不超过12个月。伤情严重或者情况特殊，经设区的市级劳动能力鉴定委员会确认，可以适当延长，但延长不得超过12个月。工伤职工评定伤残等级后，停发原待遇，按照本章的有关规定享受伤残待遇。工伤职工在停工留薪期满后仍需治疗的，继续享受工伤医疗待遇。

生活不能自理的工伤职工在停工留薪期需要护理的，由所在单位负责。

第三十四条　工伤职工已经评定伤残等级并经劳动能力鉴定委员会确认需要生活护理的，从工伤保险基金按月支付生活护理费。

生活护理费按照生活完全不能自理、生活大部分不能自理或者生活部分不能自理3个不同等级支付，其标准分别为统筹地区上年度职工月平均工资的50%、40%或者30%。

第三十五条　职工因工致残被鉴定为一级至四级伤残的，保留劳动关系，退出工作岗位，享受以下待遇：

（一）从工伤保险基金按伤残等级支付一次性伤残补助金，标准为：一级伤残为27个月的本人工资，二级伤残为25个月的本人工资，三级伤残为23个月的本人工资，四级伤残为21个月的本人工资；

（二）从工伤保险基金按月支付伤残津贴，标准为：一级伤残为本人工资的90%，二级伤残为本人工资的85%，三级伤残为本人工资的80%，四级伤残为本人工资的75%。伤残津贴实际金额低于当地最低工资标准的，由工伤保险基金补足差额；

（三）工伤职工达到退休年龄并办理退休手续后，停发伤残津贴，按照国家有关规定享受基本养老保险待遇。基本养老保险待遇低于伤残津贴的，由工伤保险基金补足差额。

职工因工致残被鉴定为一级至四级伤残的，由用人单位和职工个人以伤残津贴为基数，缴纳基本医疗保险费。

第三十六条 职工因工致残被鉴定为五级、六级伤残的，享受以下待遇：

（一）从工伤保险基金按伤残等级支付一次性伤残补助金，标准为：五级伤残为18个月的本人工资，六级伤残为16个月的本人工资；

（二）保留与用人单位的劳动关系，由用人单位安排适当工作。难以安排工作的，由用人单位按月发给伤残津贴，标准为：五级伤残为本人工资的70%，六级伤残为本人工资的60%，并由用人单位按照规定为其缴纳应缴纳的各项社会保险费。伤残津贴实际金额低于当地最低工资标准的，由用人单位补足差额。

经工伤职工本人提出，该职工可以与用人单位解除或者终止劳动关系，由工伤保险基金支付一次性工伤医疗补助金，由用人单位支付一次性伤残就业补助金。一次性工伤医疗补助金和一次性伤残就业补助金的具体标准由省、自治区、直辖市人民政府规定。

第三十七条 职工因工致残被鉴定为七级至十级伤残的，享受以下待遇：

（一）从工伤保险基金按伤残等级支付一次性伤残补助金，标准为：七级伤残为13个月的本人工资，八级伤残为11个月的本人工资，九级伤残为9个月的本人工资，十级伤残为7个月的本人工资；

（二）劳动、聘用合同期满终止，或者职工本人提出解除劳动、聘用合同的，由工伤保险基金支付一次性工伤医疗补助金，由用人单位支付一次性伤残就业补助金。一次性工伤医疗补助金和一次性伤残就业补助金的具体标准由省、自治区、直辖市人民政府规定。

第三十八条 工伤职工工伤复发，确认需要治疗的，享受本条例第三十条、第三十二条和第三十三条规定的工伤待遇。

第三十九条 职工因工死亡，其近亲属按照下列规定从工伤保险基金领取丧葬补助金、供养亲属抚恤金和一次性工亡补助金：

（一）丧葬补助金为6个月的统筹地区上年度职工月平均工资；

（二）供养亲属抚恤金按照职工本人工资的一定比例发给由因工死亡职工生前提供主要生活来源、无劳动能力的亲属。标准为：配偶每月40%，其他亲属每人每月30%，孤寡老人或者孤儿每人每月在上述标准的基础上增加10%。核定的各供养亲属的抚恤金之和不应高于因工死亡职工生前的工资。供养亲属的具体范围由国务院社会保险行政部门规定；

（三）一次性工亡补助金标准为上一年度全国城镇居民人均可支配收入的20倍。

伤残职工在停工留薪期内因工伤导致死亡的，其近亲属享受本条第一款规定的待遇。

一级至四级伤残职工在停工留薪期满后死亡的，其近亲属可以享受本条第一款第（一）项、第（二）项规定的待遇。

第四十条 伤残津贴、供养亲属抚恤金、生活护理费由统筹地区社会保险行政部门根据职工平均工资和生活费用变化等情况适时调整。调整办法由省、自治区、直辖市人民政府规定。

第四十一条 职工因工外出期间发生事故或者在抢险救灾中下落不明的，从事故发生当月起3个月内照发工资，从第4个月起停发工资，由工伤保险基金向其供养亲属按月支付供养亲属抚恤金。生活有困难的，可以预支一次性工亡补助金的50%。职工被人民法院宣告死亡的，按照本条例第三十九条职工因工死亡的规定处理。

第四十二条 工伤职工有下列情形之一的，停止享受工伤保险待遇：

（一）丧失享受待遇条件的；

（二）拒不接受劳动能力鉴定的；

（三）拒绝治疗的。

第四十三条 用人单位分立、合并、转让的，承继单位应当承担原用人单位的工伤保险责任；原用人单位已经参加工伤保险的，承继单位应当到当地经办机构办理工伤保险变更登记。

用人单位实行承包经营的，工伤保险责任由职工劳动关系所在单位承担。

职工被借调期间受到工伤事故伤害的，由原用人单位承担工伤保险责任，但原用人单位与借调单位可以约定补偿办法。

企业破产的，在破产清算时依法拨付应当由单位支付的工伤保险待遇费用。

第四十四条 职工被派遣出境工作，依据前往国家或者地区的法律应当参加当地工伤保险的，参加当地工伤保险，其国内工伤保险关系中止；不能参加当地工伤保险的，其国内工伤保险关系不中止。

第四十五条 职工再次发生工伤，根据规定应当享受伤残津贴的，按照新认定的伤残等级享受伤残津贴待遇。

第六章　监督管理

第四十六条　经办机构具体承办工伤保险事务，履行下列职责：

（一）根据省、自治区、直辖市人民政府规定，征收工伤保险费；

（二）核查用人单位的工资总额和职工人数，办理工伤保险登记，并负责保存用人单位缴费和职工享受工伤保险待遇情况的记录；

（三）进行工伤保险的调查、统计；

（四）按照规定管理工伤保险基金的支出；

（五）按照规定核定工伤保险待遇；

（六）为工伤职工或者其近亲属免费提供咨询服务。

第四十七条　经办机构与医疗机构、辅助器具配置机构在平等协商的基础上签订服务协议，并公布签订服务协议的医疗机构、辅助器具配置机构的名单。具体办法由国务院社会保险行政部门分别会同国务院卫生行政部门、民政部门等部门制定。

第四十八条　经办机构按照协议和国家有关目录、标准对工伤职工医疗费用、康复费用、辅助器具费用的使用情况进行核查，并按时足额结算费用。

第四十九条　经办机构应当定期公布工伤保险基金的收支情况，及时向社会保险行政部门提出调整费率的建议。

第五十条　社会保险行政部门、经办机构应当定期听取工伤职工、医疗机构、辅助器具配置机构以及社会各界对改进工伤保险工作的意见。

第五十一条　社会保险行政部门依法对工伤保险费的征缴和

工伤保险基金的支付情况进行监督检查。

财政部门和审计机关依法对工伤保险基金的收支、管理情况进行监督。

第五十二条 任何组织和个人对有关工伤保险的违法行为，有权举报。社会保险行政部门对举报应当及时调查，按照规定处理，并为举报人保密。

第五十三条 工会组织依法维护工伤职工的合法权益，对用人单位的工伤保险工作实行监督。

第五十四条 职工与用人单位发生工伤待遇方面的争议，按照处理劳动争议的有关规定处理。

第五十五条 有下列情形之一的，有关单位或者个人可以依法申请行政复议，也可以依法向人民法院提起行政诉讼：

（一）申请工伤认定的职工或者其近亲属、该职工所在单位对工伤认定申请不予受理的决定不服的；

（二）申请工伤认定的职工或者其近亲属、该职工所在单位对工伤认定结论不服的；

（三）用人单位对经办机构确定的单位缴费费率不服的；

（四）签订服务协议的医疗机构、辅助器具配置机构认为经办机构未履行有关协议或者规定的；

（五）工伤职工或者其近亲属对经办机构核定的工伤保险待遇有异议的。

第七章 法律责任

第五十六条 单位或者个人违反本条例第十二条规定挪用工伤保险基金，构成犯罪的，依法追究刑事责任；尚不构成犯罪的，依法给予处分或者纪律处分。被挪用的基金由社会保险行政部门追回，并入工伤保险基金；没收的违法所得依法上缴国库。

第五十七条　社会保险行政部门工作人员有下列情形之一的，依法给予处分；情节严重，构成犯罪的，依法追究刑事责任：

（一）无正当理由不受理工伤认定申请，或者弄虚作假将不符合工伤条件的人员认定为工伤职工的；

（二）未妥善保管申请工伤认定的证据材料，致使有关证据灭失的；

（三）收受当事人财物的。

第五十八条　经办机构有下列行为之一的，由社会保险行政部门责令改正，对直接负责的主管人员和其他责任人员依法给予纪律处分；情节严重，构成犯罪的，依法追究刑事责任；造成当事人经济损失的，由经办机构依法承担赔偿责任：

（一）未按规定保存用人单位缴费和职工享受工伤保险待遇情况记录的；

（二）不按规定核定工伤保险待遇的；

（三）收受当事人财物的。

第五十九条　医疗机构、辅助器具配置机构不按服务协议提供服务的，经办机构可以解除服务协议。

经办机构不按时足额结算费用的，由社会保险行政部门责令改正；医疗机构、辅助器具配置机构可以解除服务协议。

第六十条　用人单位、工伤职工或者其近亲属骗取工伤保险待遇，医疗机构、辅助器具配置机构骗取工伤保险基金支出的，由社会保险行政部门责令退还，处骗取金额 2 倍以上 5 倍以下的罚款；情节严重，构成犯罪的，依法追究刑事责任。

第六十一条　从事劳动能力鉴定的组织或者个人有下列情形之一的，由社会保险行政部门责令改正，处 2 000 元以上 1 万元以下的罚款；情节严重，构成犯罪的，依法追究刑事责任：

（一）提供虚假鉴定意见的；

（二）提供虚假诊断证明的；

（三）收受当事人财物的。

第六十二条 用人单位依照本条例规定应当参加工伤保险而未参加的，由社会保险行政部门责令限期参加，补缴应当缴纳的工伤保险费，并自欠缴之日起，按日加收万分之五的滞纳金；逾期仍不缴纳的，处欠缴数额1倍以上3倍以下的罚款。

依照本条例规定应当参加工伤保险而未参加工伤保险的用人单位职工发生工伤的，由该用人单位按照本条例规定的工伤保险待遇项目和标准支付费用。

用人单位参加工伤保险并补缴应当缴纳的工伤保险费、滞纳金后，由工伤保险基金和用人单位依照本条例的规定支付新发生的费用。

第六十三条 用人单位违反本条例第十九条的规定，拒不协助社会保险行政部门对事故进行调查核实的，由社会保险行政部门责令改正，处2 000元以上2万元以下的罚款。

第八章 附 则

第六十四条 本条例所称工资总额，是指用人单位直接支付给本单位全部职工的劳动报酬总额。

本条例所称本人工资，是指工伤职工因工作遭受事故伤害或者患职业病前12个月平均月缴费工资。本人工资高于统筹地区职工平均工资300%的，按照统筹地区职工平均工资的300%计算；本人工资低于统筹地区职工平均工资60%的，按照统筹地区职工平均工资的60%计算。

第六十五条 公务员和参照公务员法管理的事业单位、社会团体的工作人员因工作遭受事故伤害或者患职业病的，由所在单位支付费用。具体办法由国务院社会保险行政部门会同国务院财政部门规定。

第六十六条　无营业执照或者未经依法登记、备案的单位以及被依法吊销营业执照或者撤销登记、备案的单位的职工受到事故伤害或者患职业病的，由该单位向伤残职工或者死亡职工的近亲属给予一次性赔偿，赔偿标准不得低于本条例规定的工伤保险待遇；用人单位不得使用童工，用人单位使用童工造成童工伤残、死亡的，由该单位向童工或者童工的近亲属给予一次性赔偿，赔偿标准不得低于本条例规定的工伤保险待遇。具体办法由国务院社会保险行政部门规定。

前款规定的伤残职工或者死亡职工的近亲属就赔偿数额与单位发生争议的，以及前款规定的童工或者童工的近亲属就赔偿数额与单位发生争议的，按照处理劳动争议的有关规定处理。

第六十七条　本条例自2004年1月1日起施行。本条例施行前已受到事故伤害或者患职业病的职工尚未完成工伤认定的，按照本条例的规定执行。

3. 实施《中华人民共和国社会保险法》若干规定（节选）

《实施〈中华人民共和国社会保险法〉若干规定》经人力资源和社会保障部第67次部务会审议通过，中华人民共和国人力资源和社会保障部令第13号公布，自2011年7月1日起施行。

第三章　关于工伤保险

第九条　职工（包括非全日制从业人员）在两个或者两个以上用人单位同时就业的，各用人单位应当分别为职工缴纳工伤保险费。职工发生工伤，由职工受到伤害时工作的单位依法承担工伤保险责任。

第十条 社会保险法第三十七条第二项中的醉酒标准，按照《车辆驾驶人员血液、呼气酒精含量阈值与检验》（GB 19522—2004）执行。公安机关交通管理部门、医疗机构等有关单位依法出具的检测结论、诊断证明等材料，可以作为认定醉酒的依据。

第十一条 社会保险法第三十八条第八项中的因工死亡补助金是指《工伤保险条例》第三十九条的一次性工亡补助金，标准为工伤发生时上一年度全国城镇居民人均可支配收入的20倍。

上一年度全国城镇居民人均可支配收入以国家统计局公布的数据为准。

第十二条 社会保险法第三十九条第一项治疗工伤期间的工资福利，按照《工伤保险条例》第三十三条有关职工在停工留薪期内应当享受的工资福利和护理等待遇的规定执行。

4. 关于实施《工伤保险条例》若干问题的意见（劳社部函〔2004〕256号）

各省、自治区、直辖市劳动和社会保障厅（局）：

《工伤保险条例》（以下简称条例）已于2004年1月1日起施行，现就条例实施中的有关问题提出如下意见：

一、职工在两个或两个以上用人单位同时就业的，各用人单位应当分别为职工缴纳工伤保险费。职工发生工伤，由职工受到伤害时其工作的单位依法承担工伤保险责任。

二、条例第十四条规定“上下班途中，受到机动车事故伤害的，应当认定为工伤”。这里“上下班途中”既包括职工正常工作的上下班途中，也包括职工加班加点的上下班途中。“受到机动车事故伤害的”既可以是职工驾驶或乘坐的机动车发生事故造成的，也可以是职工因其他机动车事故造成的。

三、条例第十五条规定“职工在工作时间和工作岗位，突发疾病死亡或者在48小时之内经抢救无效死亡的，视同工伤”。这里“突发疾病”包括各类疾病。“48小时”的起算时间，以医疗机构的初次诊断时间作为突发疾病的起算时间。

四、条例第十七条第二款规定的有权申请工伤认定的“工会组织”包括职工所在用人单位的工会组织以及符合《中华人民共和国工会法》规定的各级工会组织。

五、用人单位未按规定为职工提出工伤认定申请，受到事故伤害或者患职业病的职工或者其直系亲属、工会组织提出工伤认定申请，职工所在单位是否同意（签字、盖章），不是必经程序。

六、条例第十七条第四款规定“用人单位未在本条第一款规定的时限内提交工伤认定申请的，在此期间发生符合本条例规定的工伤待遇等有关费用由该用人单位负担”。这里用人单位承担工伤待遇等有关费用的期间是指从事故伤害发生之日或职业病确诊之日起到劳动保障行政部门受理工伤认定申请之日止。

七、条例第三十六条规定的工伤职工旧伤复发，是否需要治疗应由治疗工伤职工的协议医疗机构提出意见，有争议的由劳动能力鉴定委员会确认。

八、职工因工死亡，其供养亲属享受抚恤金待遇的资格，按职工因工死亡时的条件核定。

劳动和社会保障部

2004年11月1日

5. 人力资源社会保障部关于执行《工伤保险条例》若干问题的意见（人社部发〔2013〕34号）

各省、自治区、直辖市及新疆生产建设兵团人力资源社会保障厅（局）：

《国务院关于修改〈工伤保险条例〉的决定》（国务院令第

586号）已于2011年1月1日实施。为贯彻执行新修订的《工伤保险条例》，妥善解决实际工作中的问题，更好地保障职工和用人单位的合法权益，现提出如下意见：

一、《工伤保险条例》（以下简称《条例》）第十四条第（五）项规定的“因工外出期间”的认定，应当考虑职工外出是否属于用人单位指派的因工作外出，遭受的事故伤害是否因工作原因所致。

二、《条例》第十四条第（六）项规定的“非本人主要责任”的认定，应当以有关机关出具的法律文书或者人民法院的生效裁决为依据。

三、《条例》第十六条第（一）项“故意犯罪”的认定，应当以司法机关的生效法律文书或者结论性意见为依据。

四、《条例》第十六条第（二）项“醉酒或者吸毒”的认定，应当以有关机关出具的法律文书或者人民法院的生效裁决为依据。无法获得上述证据的，可以结合相关证据认定。

五、社会保险行政部门受理工伤认定申请后，发现劳动关系存在争议且无法确认的，应告知当事人可以向劳动人事争议仲裁委员会申请仲裁。在此期间，作出工伤认定决定的时限中止，并书面通知申请工伤认定的当事人。劳动关系依法确认后，当事人应将有关法律文书送交受理工伤认定申请的社会保险行政部门，该部门自收到生效法律文书之日起恢复工伤认定程序。

六、符合《条例》第十五条第（一）项情形的，职工所在用人单位原则上应自职工死亡之日起5个工作日内向用人单位所在统筹地区社会保险行政部门报告。

七、具备用工主体资格的承包单位违反法律、法规规定，将承包业务转包、分包给不具备用工主体资格的组织或者自然人，该组织或者自然人招用的劳动者从事承包业务时因工伤亡的，由该具备用工主体资格的承包单位承担用人单位依法应承担的工伤保险责任。

八、曾经从事接触职业病危害作业、当时没有发现罹患职业病、离开工作岗位后被诊断或鉴定为职业病的符合下列条件的人员，可以自诊断、鉴定为职业病之日起一年内申请工伤认定，社会保险行政部门应当受理：

（一）办理退休手续后，未再从事接触职业病危害作业的退休人员；

（二）劳动或聘用合同期满后或者本人提出而解除劳动或聘用合同后，未再从事接触职业病危害作业的人员。

经工伤认定和劳动能力鉴定，前款第（一）项人员符合领取一次性伤残补助金条件的，按就高原则以本人退休前 12 个月平均月缴费工资或者确诊职业病前 12 个月的月平均养老金为基数计发。前款第（二）项人员被鉴定为一级至十级伤残、按《条例》规定应以本人工资作为基数享受相关待遇的，按本人终止或者解除劳动、聘用合同前 12 个月平均月缴费工资计发。

九、按照本意见第八条规定被认定为工伤的职业病人员，职业病诊断证明书（或职业病诊断鉴定书）中明确的用人单位，在该职工从业期间依法为其缴纳工伤保险费的，按《条例》的规定，分别由工伤保险基金和用人单位支付工伤保险待遇；未依法为该职工缴纳工伤保险费的，由用人单位按照《条例》规定的相关项目和标准支付待遇。

十、职工在同一用人单位连续工作期间多次发生工伤的，符合《条例》第三十六、第三十七条规定领取相关待遇时，按照其在同一用人单位发生工伤的最高伤残级别，计发一次性伤残就业补助金和一次性工伤医疗补助金。

十一、依据《条例》第四十二条的规定停止支付工伤保险待遇的，在停止支付待遇的情形消失后，自下月起恢复工伤保险待遇，停止支付的工伤保险待遇不予补发。

十二、《条例》第六十二条第三款规定的“新发生的费用”，是指用人单位职工参加工伤保险前发生工伤的，在参加工伤保险后新发生的费用。

十三、由工伤保险基金支付的各项待遇应按《条例》相关规定支付，不得采取将长期待遇改为一次性支付的办法。

十四、核定工伤职工工伤保险待遇时，若上一年度相关数据尚未公布，可暂按前一年度的全国城镇居民人均可支配收入、统筹地区职工月平均工资核定和计发，待相关数据公布后再重新核定，社会保险经办机构或者用人单位予以补发差额部分。

本意见自发文之日起执行，此前有关规定与本意见不一致的，按本意见执行。执行中有重大问题，请及时报告我部。

人力资源社会保障部

2013 年 4 月 25 日

6. 人力资源社会保障部关于执行《工伤保险条例》若干问题的意见（二）（人社部发〔2016〕29 号）

各省、自治区、直辖市及新疆生产建设兵团人力资源社会保障厅（局）：

为更好地贯彻执行新修订的《工伤保险条例》，提高依法行政能力和水平，妥善解决实际工作中的问题，保障职工和用人单位合法权益，现提出如下意见：

一、一级至四级工伤职工死亡，其近亲属同时符合领取工伤保险丧葬补助金、供养亲属抚恤金待遇和职工基本养老保险丧葬补助金、抚恤金待遇条件的，由其近亲属选择领取工伤保险或职工基本养老保险其中一种。

二、达到或超过法定退休年龄，但未办理退休手续或者未依法享受城镇职工基本养老保险待遇，继续在原用人单位工作期间受到事故伤害或患职业病的，用人单位依法承担工伤保险责任。

用人单位招用已经达到、超过法定退休年龄或已经领取城镇职工基本养老保险待遇的人员，在用工期间因工作原因受到事故伤害或患职业病的，如招用单位已按项目参保等方式为其缴纳工伤保险费的，应适用《工伤保险条例》。

三、《工伤保险条例》第六十二条规定的“新发生的费用”，是指用人单位参加工伤保险前发生工伤的职工，在参加工伤保险后新发生的费用。其中由工伤保险基金支付的费用，按不同情况予以处理：

（一）因工受伤的，支付参保后新发生的工伤医疗费、工伤康复费、住院伙食补助费、统筹地区以外就医交通食宿费、辅助器具配置费、生活护理费、一级至四级伤残职工伤残津贴，以及参保后解除劳动合同时的一次性工伤医疗补助金；

（二）因工死亡的，支付参保后新发生的符合条件的供养亲属抚恤金。

四、职工在参加用人单位组织或者受用人单位指派参加其他单位组织的活动中受到事故伤害的，应当视为工作原因，但参加与工作无关的活动除外。

五、职工因工作原因驻外，有固定的住所、有明确的作息时间，工伤认定时按照在驻在地当地正常工作的情形处理。

六、职工以上下班为目的、在合理时间内往返于工作单位和居住地之间的合理路线，视为上下班途中。

七、用人单位注册地与生产经营地不在同一统筹地区的，原则上应在注册地为职工参加工伤保险；未在注册地参加工伤保险的职工，可由用人单位在生产经营地为其参加工伤保险。

劳务派遣单位跨地区派遣劳动者，应根据《劳务派遣暂行规定》参加工伤保险。建筑施工企业按项目参保的，应在施工项目所在地参加工伤保险。

职工受到事故伤害或者患职业病后，在参保地进行工伤认定、劳动能力鉴定，并按照参保地的规定依法享受工伤保险待遇；未参加工伤保险的职工，应当在生产经营地进行工伤认定、劳动能力鉴定，并按照生产经营地的规定依法由用人单位支付工伤保险待遇。

八、有下列情形之一的，被延误的时间不计算在工伤认定申请时限内。

（一）受不可抗力影响的；

（二）职工由于被国家机关依法采取强制措施等人身自由受到限制不能申请工伤认定的；

（三）申请人正式提交了工伤认定申请，但因社会保险机构未登记或者材料遗失等原因造成申请超时限的；

（四）当事人就确认劳动关系申请劳动仲裁或提起民事诉讼的；

（五）其他符合法律法规规定的情形。

九、《工伤保险条例》第六十七条规定的“尚未完成工伤认定的”，是指在《工伤保险条例》施行前遭受事故伤害或被诊断鉴定为职业病，且在工伤认定申请法定时限内（从《工伤保险条例》施行之日起算）提出工伤认定申请，尚未作出工伤认定的情形。

十、因工伤认定申请人或者用人单位隐瞒有关情况或者提供虚假材料，导致工伤认定决定错误的，社会保险行政部门发现后，应当及时予以更正。

本意见自发文之日起执行，此前有关规定与本意见不一致的，按本意见执行。执行中有重大问题，请及时报告我部。

人力资源社会保障部

2016年3月28日

7. 人力资源社会保障部 财政部 国家卫生计生委 国家安全监管总局关于印发工伤预防费使用管理暂行办法的通知（人社部规〔2017〕13号）

各省、自治区、直辖市及新疆生产建设兵团人力资源社会保障厅（局）、财政（财务）厅（局）、卫生计生委、安全监管局：

为更好地坚持以人为本，保障职工的生命安全和健康，根据《工伤保险条例》规定，人力资源社会保障部会同财政部、卫生计生委、安全监管总局制定了《工伤预防费使用管理暂行办法》（以下简称《办法》），现印发给你们，请结合实际认真贯彻落实。

各地人力资源社会保障、财政、卫生计生、安全监管等部门要根据《办法》要求，高度重视、认真组织、密切配合，结合本地区工作实际，围绕工伤预防工作目标，细化落实政策措施，制定具体实施方案，建立工作机制，做好政策宣传解读，加强预防费使用监管，积极稳妥推进工伤预防工作。

2017年8月17日

工伤预防费使用管理暂行办法

第一条 为更好地保障职工的生命安全和健康，促进用人单位做好工伤预防工作，降低工伤事故伤害和职业病的发生率，规范工伤预防费的使用和管理，根据《社会保险法》《工伤保险条例》及相关规定，制定本办法。

第二条 本办法所称工伤预防费是指统筹地区工伤保险基金中依法用于开展工伤预防工作的费用。

第三条 工伤预防费使用管理工作由统筹地区人力资源社会保障行政部门会同财政、卫生计生、安全监管行政部门按照各自职责做好相关工作。

第四条 工伤预防费用于下列项目的支出：

（一）工伤事故和职业病预防宣传；

（二）工伤事故和职业病预防培训。

第五条 在保证工伤保险待遇支付能力和储备金留存的前提下，工伤预防费的使用原则上不得超过统筹地区上年度工伤保险基金征缴收入的3%。因工伤预防工作需要，经省级人力资源社会保障部门和财政部门同意，可以适当提高工伤预防费的使用比例。

第六条 工伤预防费使用实行预算管理。统筹地区社会保险经办机构按照上年度预算执行情况，根据工伤预防工作需要，将工伤预防费列入下一年度工伤保险基金支出预算。具体预算编制按照预算法和社会保险基金预算有关规定执行。

第七条 统筹地区人力资源社会保障部门应会同财政、卫生计生、安全监管部门以及本辖区内负有安全生产监督管理职责的部门，根据工伤事故伤害、职业病高发的行业、企业、工种、岗位等情况，统筹确定工伤预防的重点领域，并通过适当方式告知社会。

第八条 统筹地区行业协会和大中型企业等社会组织根据本地区确定的工伤预防重点领域，于每年工伤保险基金预算编制前提出下一年拟开展的工伤预防项目，编制项目实施方案和绩效目标，向统筹地区的人力资源社会保障行政部门申报。

第九条　统筹地区人力资源社会保障部门会同财政、卫生计生、安全监管等部门，根据项目申报情况，结合本地区工伤预防重点领域和工伤保险等工作重点，以及下一年工伤预防费预算编制情况，统筹考虑工伤预防项目的轻重缓急，于每年10月底前确定纳入下一年度的工伤预防项目并向社会公开。

列入计划的工伤预防项目实施周期最长不超过2年。

第十条　纳入年度计划的工伤预防实施项目，原则上由提出项目的行业协会和大中型企业等社会组织负责组织实施。

行业协会和大中型企业等社会组织根据项目实际情况，可直接实施或委托第三方机构实施。直接实施的，应当与社会保险经办机构签订服务协议。委托第三方机构实施的，应当参照政府采购法和招投标法规定的程序，选择具备相应条件的社会、经济组织以及医疗卫生机构提供工伤预防服务，并与其签订服务合同，明确双方的权利义务。服务协议、服务合同应报统筹地区人力资源社会保障部门备案。

面向社会和中小微企业的工伤预防项目，可由人力资源社会保障、卫生计生、安全监管部门参照政府采购法等相关规定，从具备相应条件的社会、经济组织以及医疗卫生机构中选择提供工伤预防服务的机构，推动组织项目实施。

参照政府采购法实施的工伤预防项目，其费用低于采购限额标准的，可协议确定服务机构。具体办法由人力资源社会保障部门会同有关部门确定。

第十一条　提供工伤预防服务的机构应遵守《社会保险法》《工伤保险条例》以及相关法律法规的规定，并具备以下基本条件：

（一）具备相应条件，且从事相关宣传、培训业务二年以上并具有良好市场信誉；

（二）具备相应的实施工伤预防项目的专业人员；

（三）有相应的硬件设施和技术手段；

（四）依法应具备的其他条件。

第十二条 对确定实施的工伤预防项目，统筹地区社会保险经办机构可以根据服务协议或者服务合同的约定，向具体实施工伤预防项目的组织支付30%~70%预付款。

项目实施过程中，提出项目的单位应及时跟踪项目实施进展情况，保证项目有效进行。

对于行业协会和大中型企业等社会组织直接实施的项目，由人力资源社会保障部门组织第三方中介机构或聘请相关专家对项目实施情况和绩效目标实现情况进行评估验收，形成评估验收报告；对于委托第三方机构实施的，由提出项目的单位或部门通过适当方式组织评估验收，评估验收报告报人力资源社会保障部门备案。评估验收报告作为开展下一年度项目重要依据。

评估验收合格后，由社会保险经办机构支付余款。具体程序按社会保险基金财务制度、工伤保险业务经办管理等规定执行。

第十三条 社会保险经办机构要定期向社会公布工伤预防项目实施情况和工伤预防费用使用情况，接受参保单位和社会各界的监督。

第十四条 工伤预防费按本办法规定使用，违反本办法规定使用的，对相关责任人参照《社会保险法》《工伤保险条例》等法律法规的规定处理。

第十五条 工伤预防服务机构提供的服务不符合法律和合同规定、服务质量不高的，三年内不得从事工伤预防项目。

工伤预防服务机构存在欺诈、骗取工伤保险基金行为的，按照有关法律法规等规定进行处理。

第十六条 统筹地区人力资源社会保障、卫生计生、安全监管等部门应分别对工作场所工伤发生情况、职业病报告情况和安全事故情况进行分析，定期相互通报基本情况。

第十七条　各省、自治区、直辖市人力资源社会保障行政部门可以结合本地区实际，会同财政、卫生计生和安全监管等行政部门制定具体实施办法。

第十八条　企业规模的划分标准按照工业和信息化部、国家统计局、国家发展改革委、财政部《关于印发中小企业划型标准规定的通知》（工信部联企业〔2011〕300号）执行。

第十九条　本办法自2017年9月1日起施行。

8. 人力资源社会保障部工伤保险司负责人就《工伤预防费使用管理暂行办法》答记者问

为更好地保障职工的生命安全和健康，促进用人单位做好工伤预防工作，降低工伤事故伤害和职业病的发生率，规范工伤预防费的使用和管理，人力资源社会保障部、财政部、国家卫生计生委、国家安全监管总局联合印发了《工伤预防费使用管理暂行办法》（以下简称《办法》）。人力资源社会保障部工伤保险司负责人就《办法》有关问题回答了记者提问，具体内容如下：

记者：制定《办法》的背景是什么？

答：为更好地保障职工的生命安全和健康，发挥工伤预防降低工伤事故和职业病发生率的作用，按照《工伤保险条例》的有关规定，我部积极推进工伤预防工作，2013年，下发了《人力资源社会保障部关于进一步做好工伤预防试点工作的通知》，在全国54个统筹地区开展工伤预防试点。几年来，试点成效初显，部分城市的工伤发生率有所下降。为进一步促进工伤预防工作，2015年底，中共中央办公厅印发的《完善体制机制防范化解风险着力促进安全生产形势根本好转》督查报告、2016年审计署对工伤保险基金的审计整改意见，特别是2016年底，中共中央国务院印发的《关于推进安全生产领域改革发展的意见》都对加快推进工伤预防工作，尽快出台办法提出了明确要求。在此背景下，2016年，我们启动了《办法》的制定工作。

记者：起草《办法》坚持的原则是什么？

答：起草《办法》中我们注意把握以下几项原则：

一是处理好牵头部门和有关部门关系，办法既明确人力资源社会保障部门的牵头职责，又充分发挥财政、卫生计生、安全监管等部门的作用，形成推进工作的合力；

二是处理好政府和市场的关系，政府相关部门主要是制定政策、提出工伤预防重点领域、确定工伤预防项目及对项目的监督管理，项目的具体实施原则上由符合条件的行业协会、大中型企业等社会组织负责；

三是处理好权责关系，确保权责对等，主要是预防项目实行谁提出、谁招标，谁组织实施、谁承担相应责任。

记者：请您概况地介绍一下《办法》的主要内容。

答：《办法》共19条，主要规定了制定办法的目的，预防费的概念、使用范围、使用比例、预算编制、项目的确定和实施、提供服务的社会组织应具备的条件，项目的验收评估以及违反规定应承担的责任等。

记者：请介绍一下《办法》对工伤预防费的使用范围有哪些规定？

答：《办法》第四条规定，工伤预防费用于工伤事故和职业病预防的宣传和培训。

记者：《办法》第五条规定，工伤预防费的使用原则上不得超过统筹地区上年度工伤保险基金征缴收入的3%。请问这样规定是基于什么考虑？

答：这样规定主要基于以下考虑：

据对部分试点地区统计，24个地区规定预防费使用比例不超过3%；4个规定不超过5%的地区，实际使用比例均不超过3%；只有1个地区使用比例超过3%。综合全国各试点地区情况，实际使用比例为0.97%，不超3%的规定符合地方的实际。

同时，为避免政策一刀切，满足部分地方的实际需要，《办法》第五条还规定，因工伤预防工作需要，经省级人力资源社会保障、财政部门同意，可以适当提高工伤预防费的使用比例。《办法》对部分地区实际工作中可能超过3%的情形作了授权规定，以保证这些地区工伤预防工作正常开展。

记者：对于工伤预防项目的确定，《办法》有哪些规定？

答：《办法》第七、第八、第九条规定，由统筹地区人力资源社会保障部门会同财政、卫生计生、安全监管等部门以及本辖区内负有安全生产监督管理职责的部门，共同确定每年工伤预防的重点领域，由行业协会和大中型企业等社会组织在确定的重点领域内提出拟实施的项目，再由人力资源社会保障部门会同有关部门共同确定下一年度安排实施的项目。

规定人力资源社会保障部门会同有关部门共同确定重点领域和实施项目，一是体现有关部门履职尽责、齐抓共管，二是体现源头把关、政府主导。

记者：《办法》对工伤预防项目的实施主体是如何规定的？

答：《办法》第十条规定，纳入年度计划的工伤预防实施项目，原则上由提出项目的行业协会和大中型企业等社会组织负责组织实施。可以直接实施，与社会保险经办机构签订服务协议；也可以委托第三方机构实施，与服务机构签订服务合同。由行业协会和企业作为实施主体，有助于发挥其工伤预防主体责任，操作实施更具有针对性和灵活性。

同时，《办法》规定了面向社会和中小微企业的工伤预防项目，可由人力资源社会保障、卫生计生、安全监管部门参照政府采购法等相关规定，从具备相应条件的社会组织中选择提供工伤预防服务的机构，推动组织项目实施。这样规定，主要是考虑由某个行业、企业承担面向全社会的工伤预防宣传、培训等工作具有一定的局限性，如涉及领域较窄、经验积累和专业性不足、服务受众有限等，通过政府参与的方式可以弥补上述不足，取得更好的社会效果。

记者：在保障工伤预防项目的实施效果方面，《办法》有哪些措施？

答：为了加强对项目实施的全过程监督，保障项目的实施效果，提高工伤预防费的使用效率和保障基金合规使用，《办法》对项目的评估验收作出了规定。

《办法》第十二条规定，项目实施前，社会保险经办机构根据服务协议或服务合同支付部分预付款。对于行业协会和大中型企业等社会组织直接实施的项目，由人力资源社会保障部门组织第三方中介机构或聘请相关专家对项目实施情况和绩效目标实现情况进行评估验收，形成评估验收报告；对于委托第三方机构实施的，由提出项目的单位或部门通过适当方式组织评估验收，评估验收报告报人力资源社会保障部门备案。评估验收报告作为开展下一年度项目以及社会保险经办机构支付余款的重要依据。

记者：《办法》对相关责任人和相关主体有哪些约束？

答：《办法》第十四条、第十五条规定，违反本办法规定使用预防费的，对相关责任人参照《社会保险法》《工伤保险条例》等法律法规的规定处理；工伤预防服务机构提供的服务不符合法律和合同规定、服务质量不高的，三年内不得从事工伤预防项目。存在欺诈、骗保行为的，按照有关法律法规处理。